AF329955

ÉTUDE

SUR LES

TRAVAUX PUBLICS

DE LA VILLE DE ROUBAIX

par

ÉMILE MOREAU

EX-DIRECTEUR DES TRAVAUX MUNICIPAUX DE CETTE VILLE

1re PARTIE

QUESTION DES EAUX

ROUBAIX

Chez l'Auteur, rue du Tilleul, 10

ET CHEZ LES PRINCIPAUX LIBRAIRES

1874

Lille. — Imprimerie A. BESSARD, — Vaucanson.

ÉTUDE

SUR LES

TRAVAUX PUBLICS

DE LA

VILLE DE ROUBAIX

A Monsieur J. DEREGNAUCOURT

DÉPUTÉ, CONSEILLER GÉNÉRAL DU NORD

EX-MAIRE DE ROUBAIX

Nous avions fait des songes merveilleux!

Nous avions rêvé une grande ville industrielle, riche et prospère, munie de tous les instruments indispensables au développement régulier et indéfini de son travail local; une population vigoureuse, énergique, heureuse, mettant au service de son bien-être les forces communes rassemblées pour elle, l'instruction rationnelle reçue dans les écoles spéciales et la santé assurée par de judicieux travaux et de sages mesures sanitaires; des concitoyens se préparant, par un labeur intelligent et une féconde initiative, à cette ère splendide, — proche sans doute, — où les hommes, conscients du lien intime qui les fait solidaires, mettront en pratique les grands principes de la fraternité humaine.

Bâtissions-nous une utopie? On l'a dit! Pour l'honneur et le bonheur de Roubaix je ne veux point le croire et, cependant, un souffle d'ordre moral nous a renversés!

Serait-ce là le dernier et triste mot? Il faudrait avoir une foi peu robuste pour le penser! Néanmoins j'ai essayé de donner un corps à quelques unes de nos idées; j'espère que vous les trouverez fidèlement reproduites dans l'étude qu'à bon droit je vous dédie.

ÉMILE MOREAU.

ÉMILE MOREAU

ÉTUDE

SUR LES

TRAVAUX PUBLICS

DE LA

VILLE DE ROUBAIX

> La voirie municipale est une branche
> essentielle de l'administration, de laquelle
> on peut dire que son extension est une
> mesure de la civilisation des peuples.
>
> CH. DE FREYCINET.

ROUBAIX

CHEZ TOUS LES PRINCIPAUX LIBRAIRES

1874

ÉTUDE

SUR LES

TRAVAUX PUBLICS

DE LA VILLE DE ROUBAIX

Au moment où, sous le fallacieux prétexte de donner une direction plus pratique aux travaux municipaux de la ville de Roubaix, pendant que l'on travaille activement à étouffer l'œuvre de progrès que se promettait de réaliser l'administration issue du suffrage universel; quand, par de perfides manœuvres, par des sous-entendus dignes d'Escobar, par des affirmations audacieuses et mensongères, on cherche à établir que l'on veut tout simplement revenir à des errements plus sages, plus économiques, plus prudents, il n'est pas inutile d'aborder l'étude au moins sommaire de l'ensemble de l'œuvre rêvée par l'administration républicaine et par son directeur de travaux pour faire de Roubaix, sinon une ville exceptionnelle, au moins une ville industrielle de premier ordre, munie de tous les grands instruments de travail nécessaires pour soutenir la concurrence avec les autres pays de fabrication, solidement armée pour le grand combat industriel que nous livre l'Angleterre et auquel se prépare l'Allemagne.

Dans ce travail, nécessairement abrégé, nous aurons plus d'une fois l'occasion de faire éclater au grand jour le désintéressement absolu et la passion exclusive du bien-être général des hommes que la confiance de leurs concitoyens avait placés à la tête des affaires municipales, et, plus d'une fois, on pourra remarquer la différence essentielle qu'il y a entre tous leurs actes, *sans exception*, et la plupart de ceux qui ont illustré leurs prédécesseurs de l'empire ou leurs successeurs de l'ordre moral. Les lecteurs verront les faits, les jugeront et les compareront; ils en tireront les conséquences logiques, et, quand l'occasion s'en présentera, ils feront connaître leur verdict à qui de droit.

Tout l'intérêt d'une semblable étude n'est pas seulement pour Roubaix : la plupart des autres villes pourront y trouver plus d'un enseignement. En effet, l'ensemble des faits n'est particulier à aucune commune, puisque l'examen des questions qui seront envisagées pour celle-ci s'impose à toute ville désireuse de travailler à son amélioration matérielle et morale. Nous sommes persuadé qu'il en sortira au moins cette leçon : qu'à l'avenir on rejettera des municipalités les individualités personnelles, mesquines, intéressées, étroites ou bornées, pour les remplacer par des hommes animés d'idées sagement progressives, à idées larges, à l'esprit désintéressé. Quelles que soient les personnalités que nous ayons à toucher, égoïstes ou généreuses, fécondes ou boursoufflées, chacun pourra, dans sa commune, nommer un être similaire, tant il y a de ressemblance entre ces organismes collectifs qui s'appellent communes.

I. — GÉNÉRALITÉS

1. — Considérée à un point de vue élevé, dépouillée des passions individuelles et des haines de parti, l'édilité est l'une des fonctions les plus importantes de notre époque. Détournés des préoccupations imposées par les malheurs de notre pays et par les compétitions ambitieuses des partis monarchiques, les esprits sérieux, ayant souci des véritables intérêts du pays, verraient avec bonheur les inquiétudes actuelles s'effacer par l'établissement du seul mode de gouvernement compatible avec les tendances et les besoins de la société moderne, parce qu'ils savent qu'avec la République normale, incontestée du plus grand nombre, sage, conservatrice, attractive par cela même, les forces vives et intelligentes du pays pourraient s'appliquer à l'étude des intérêts immédiats au grand profit des intérêts de la France qui n'en sont que la somme et la résultante.

Parmi ces intérêts immédiats, les plus importants sont ceux de la commune, de la commune qui résume et condense en elle l'idée de la Patrie. La plus grande somme de nos pensées et de nos aspirations n'est-elle pas consacrée à ce microcosme de la patrie où nous vivons de la vie de chaque jour ? Ne partageons-nous pas ses joies et ses tristesses ? N'est-elle pas pour nous comme une famille agrandie dans laquelle où, à part les petites rivalités, les jalousies mesquines, tous les citoyens nous apparaissent comme des frères ? N'est-ce pas elle qui nous facilite la satisfaction de nos besoins par les distributions d'eaux, l'établissement et l'entretien des voies publiques, la création des marchés ? Ne songe-t-elle pas à élever notre esprit par l'ouverture d'écoles et de cours publics, à l'agrandir par la fondation des bibliothèques, à l'embellir par la formation des musées ? N'a-t-elle pas fait des promenades publiques pour que nous puissions nous délasser de nos travaux et ne cherche-t-elle pas à éloigner de nous les maladies et les épidémies en rendant la ville propre, hygiénique et en combattant les causes de putréfaction inséparable de toute agglomération ? Et puis n'a-t-elle pas des intérêts particuliers à défendre, soit qu'il s'agisse du tracé d'un chemin de fer, de l'ouverture d'un canal, ou, même, d'impôts spéciaux qui peuvent atteindre le travail de ses habitants ? L'ensemble de ces préoccupations et de mille autres, intéressantes à des titres et à des degrés divers, ne constitue-t-il pas cette solidarité qui doit unir tous les membres de l'association municipale dans un même esprit de concorde, dans une même unité de vue afin de poursuivre le même but commun : le bien-être de tous ?

Ainsi envisagé combien l'esprit communal n'est-il pas grand et fécond ! Quel champ plus vaste peut-il être offert aux méditations et aux efforts des hommes de bonne volonté, toujours disposés à mettre leur vie, leur expérience, leurs forces et leur labeur au service de leurs concitoyens ? Pour ceux-là l'édilité est chose vraiment grande et sérieuse et, quoique sa sphère d'action soit considérée comme peu relevée par les esprits légers et ambitieux, il en est peu qui soit aussi utile, peu qui offre à l'homme de bien de mettre autant à profit le dévouement dont il est animé pour la cause commune. Surtout maintenant que la science, les expériences, ont ouvert une voie dans laquelle il est difficile de s'égarer si l'on a la passion de l'utile, et qu'il n'y a plus guère qu'à mettre en pratique les essais tentés par d'autres, on peut marcher de l'avant et se mettre résolument à l'œuvre pour chercher à améliorer les conditions morales et matérielles de la vie publique et de la vie particulière et rendre ainsi un important service à la société.

Nous savons bien, il est vrai, que les meilleures intentions peuvent être dénaturées et que les hommes les plus dévoués à la chose publique sont souvent l'objet des attaques les plus injustes de la part de ceux que mène un esprit sectaire ou un intérêt particulier. Pour défendre efficacement les intérêts d'une communauté il faut savoir juger et prévoir, il faut toujours avoir l'avenir présent devant les yeux et nous n'ignorons pas que prévoir c'est rêver, que juger c'est faire œuvre d'utopiste pour les gens trop nombreux encore qui vivent exclusivement dans leur coquille du présent ou dans le regret du passé. Nous savons aussi que, dans notre beau pays, le plus réglé et le plus administré de tous les pays, il faut compter avec certains corps privilégiés qui n'aiment pas qu'on raisonne, mais nous savons aussi qu'il est des hommes assez dévoués aux intérêts de leur pays pour ne se rebuter ni devant les appréciations malfaisantes, ni devant les obstacles opposés à leurs efforts, et nous sommes heureux de constater en retour qu'appréciés à leur juste valeur, leurs concitoyens finissent par rendre justice à ces hommes et par reconnaître où se trouvent les qualités inappréciables qui font les bons administrateurs.

Donc, de la part des citoyens de la commune, un examen consciencieux et raisonné des hommes choisis pour les représenter dans le Conseil municipal est nécessaire et, quant à ceux-ci, ils doivent se pénétrer avec soin de la grandeur et de l'utilité de l'œuvre à entreprendre et du but réellement beau à atteindre ; ils doivent comprendre la lourde responsabilité qui leur incombe et étudier avec ardeur les conditions de vitalité imposées aux villes par le grand travail d'amélioration qui entraîne l'humanité depuis quatre-vingts ans.

Le jour où l'édilité aura vraiment compris sa mission civilisatrice, le jour où elle aura compris que, travailler à l'amélioration matérielle de nos villes, établir par d'utiles travaux la prospérité du travail commun et le confort de la vie particulière, c'est faire un grand acte de moralisation et d'humanité, le jour où les hommes chargés de l'administration publique comprendront que, s'ils veulent que leur passage aux affaires soit fécond, ils doivent consacrer tous leurs efforts à l'exécution des grands projets d'utilité publique en prenant la détermination de ne s'arrêter devant aucun obstacle, le jour où ils se seront bien pénétrés de cette idée que le Beau, le Vrai, le Bien, sont inséparables de l'Uutile et que c'est là, à l'intersection de cette trinité puissante que se rencontrent l'Art et la véritable économie, alors nous pourrons dire que le but est proche et que bientôt seront guéries les misères matérielles et les misères morales qui déshonorent et flétrissent notre société.

2. — Il est un fait que les municipalités de notre époque doivent surtout avoir en vue, c'est l'accroissement constant des villes modernes par suite de la construction des réseaux de chemins de fer. Cet accroissement est un fait unique dans l'histoire et c'est à le régulariser, à le systématiser que les administrations municipales doivent consacrer tous leurs efforts, car ce serait une impéritie condamnable que de le laisser livré à tous les caprices particuliers. Toutes les édilités intelligentes, à Paris, Lyon, Marseille, Brest, Le Havre, Lille, en France; à Vienne, Naples, Gênes, Ancône, Madrid, Lisbonne, à l'étranger, l'ont parfaitement compris, elles sont venues en aide au développement imposé de la cité en créant de vastes voies pub'iques et en la dotant des grandes œuvres d'utilité indispensables, en comprenant qu'embellir et agrandir une ville c'est le point de départ de toutes les améliorations fécondes.

Roubaix devait-il, pouvait-il rester en arrière? Cette ville qui offre l'exemple le plus frappant, peut-être, si l'on fait abstraction des villes américaines, du prodigieux accroissement né de l'industrie moderne, s'endormirait-elle dans le succès de sa prospérité passée sans préparer l'œuvre de sa prospérité future? Tout devait-il continuer à se faire par l'initiative individuelle ou à subir l'influence des intérêts particuliers? Ainsi ne l'a pas pensé l'administration qui a géré les affaires de la ville pendant la période la plus pénible de notre histoire; elle s'est dit que, si les événements avaient porté un coup terrible aux finances municipales, ce n'était pas une raison pour ne pas se préoccuper des travaux nécessaires et que, en attendant le retour de la prospérité, on pouvait au moins étudier l'ensemble des choses les plus indispensables ; c'est dans ce but que, dans la séance du 13 août 1873, elle présenta au Conseil municipal le rapport suivant de son directeur des travaux :

CRÉATION D'UN SERVICE D'ÉTUDES

« L'extension rapide de la ville de Roubaix constitue un phé-
» nomène curieux, dû au développement splendide de l'indus-
» trie et du commerce pendant le XIXe siècle, développement
» causé lui-même par l'esprit de méthode positive appliqué à
» la science depuis deux siècles et dont l'intervention a donné
» au progrès constant des connaissances humaines une activité
» jusqu'alors inconnue.

» L'immense quantité de besoins nouveaux que ce progrès a
» fait naître, les grands marchés que l'amélioration des voies
» de transport a ouverts, ont donné naissance à ces vastes
» agglomérations industrielles et commerciales dont Roubaix
» est, sans contredit, un des plus remarquables exemples.

» Mais, en général, dans les villes nouvelles ainsi formées,
» l'initiative individuelle, stimulée par l'intérêt immédiat et
» personnel, a, seule, développé une grande activité pour mettre
» ses entreprises au niveau des demandes du monde commer-
» cial ; tandis que les communes, privées de suffisantes res-
» sources, n'ont pu suivre que de loin le mouvement en avant
» et, même, dans la plupart des cas, sont restées stationnaires,
» impuissantes à collaborer à l'œuvre qui devait faire la pros-
» périté de tous.

» Et, cependant, il est des entreprises qu'il est à peu près
» impossible à l'initiative privée d'aborder et qui doivent in-
» comber naturellement aux administrations des villes indus-
» trielles ; elles seules, à l'exclusion des particuliers, jouissent
» en effet des prérogatives indispensables pour mener à bonne
» fin les œuvres d'utilité publique de telle sorte que cela cons-
» titue un devoir pour elles de doter la commune de tout l'ou-
» tillage industriel général indispensable pour mettre l'indus-
» trie locale à même de se présenter au devant de la concur-
» rence avec tout l'avantage possible.

» C'est ce que toutes les grandes villes ont vivement compris
» et ce que plusieurs d'entr'elles ont cherché à réaliser. Sans

« aller bien loin, et en voyant ce qui se passe à quelques pas de
» nous, qui n'est frappé des immenses ressources que la ville
» de Lille va offrir à son industrie quand ses tramways seront
» établis sur l'admirable réseau des voies publiques tracé de-
» puis quelques années seulement et qui doit en faire l'une des
» premières villes de l'Europe? En effet, grâce à ses larges rues
» bien entendues, cette ville verra communiquer ensemble, par
» un réseau ferré non-interrompu, ses gares, ses marchés, ses
» docks, ses ports, ses places; l'activité commerciale et indus-
» trielle pourra être centuplée dans un avenir prochain sans
» que le moindre embarras se fasse sentir dans la circulation
» générale et en évitant au public ces transbordements, ces
» pertes de temps, ces fausses manœuvres, si préjudiciables à
» tous et qui constituent une grave infériorité en présence de
» la concurrence active, incessante que se font les grandes
» cités travailleuses.

» Lille, il est vrai, possède des ressources que n'a point
» Roubaix; dans une certaine mesure les immenses sacrifices
» faits pour son agrandissement ont constitué une excellente
» opération, mais le plus grand bénéfice de l'entreprise est cer-
» tainement celui que réalisera la place commerciale et ma-
» nufacturière quand l'œuvre sera achevée et aura répandu
» une bienfaisante activité dans l'industrieuse cité.

» Cependant, avant que de connaître l'heureuse spéculation
» qui devait l'aider puissamment à accomplir son œuvre, la
» ville de Lille n'a point hésité à créer d'abord l'instrument
» qui devait la servir utilement dans la réalisation de son idée.
» Avant tout elle sentit que de grandes études étaient néces-
» saires et que ce n'était qu'en préparant de nombreux projets,
» en les comparant, en les analysant, qu'elle pourrait arriver à
» créer un ensemble remarquable, susceptible de se plier à
» toutes les nécessités de l'avenir, à toutes les améliorations
» à introduire ultérieurement; en conséquence elle créa un
» service d'études fort coûteux, il est vrai, mais au moyen
» duquel elle parvint à agrandir, à transformer la cité et à la
» mettre à la hauteur des exigences modernes.

» Mais si Roubaix n'a pas les mêmes ressources, son devoir
» n'est pas moindre et on peut même avancer qu'il est plus
» impérieux encore. En effet, l'élément commercial prédomine

» à Lille, tandis qu'à Roubaix c'est l'élément industriel qui a la
» priorité, et c'est celui-ci qui exige certainement les travaux
» d'utilité publique les plus importants : ses transports sont plus
» nombreux et plus encombrants, ses besoins d'eau sont plus
» considérables et la nécessité d'un assainissement plus rigou-
» reux s'y fait constamment sentir, enfin, les économies de
» main-d'œuvre doivent y être mieux ménagées pour que le
» prix de revient des produits fabriqués soit le plus bas possible.

» Or, Roubaix manque totalement des éléments les plus in-
» dispensables à l'étude des projets à dresser en vue de l'avenir,
» car, non seulement le personnel spécial lui fait défaut, mais
» encore il n'existe aucun plan exact, aucun nivellement rigou-
» reux du territoire. Il y a une dizaine d'années, on a bien voté
» quelques fonds pour faire face à ces premiers besoins, mais
» les opérations, confiées à des mains inhabiles, n'ont donné
» que des résultats absolument négatifs et produit des docu-
» ments qui ne peuvent être d'aucune utilité. Ces éléments de
» première nécessité sont donc encore à constituer, et c'est
» précisément par là qu'il faut commencer, si l'on veut que
» l'ensemble des études à faire présente l'unité indispensable à
» une telle œuvre.

» Quant aux études qui sont à faire, voici sommairement la
» série des projets qu'il serait nécessaire de dresser en vue de
» l'avenir de Roubaix :

» **1° Alimentation d'eaux potables et industrielles.** — On
» sait combien la situation topographique et géologique du ter-
» ritoire de Roubaix est précaire relativement à l'eau ; les
» rivières dont les bassins l'entourent : la Marque, la Deûle,
» la Lys, l'Escaut, coulent à un niveau inférieur du point le
» plus bas de ce territoire, de sorte qu'il eut été fort difficile
» d'y créer une rivière superficielle (1). Cette œuvre n'eut été
» possible qu'au moyen de la Haute-Deûle, prise en amont de
» Don, contournant Lille vers Fives, gagnant la vallée de la
» Marque par Ascq et Forest et joignant enfin le territoire de
» Roubaix, en traversant la colline du Petit-Beaumont, pour
» pénétrer dans la vallée de la Potennerie. On eut ainsi pos-

---

(1) Excepté cependant au moyen de la haute Marque, ainsi que nous
le verrons dans la suite de cette étude.

« sédé un canal d'un bief unique entre Douai et Roubaix et
« et par lequel se seraient écoulées les eaux superflues de la
« Haute-Scarpe. Mais les études ont porté sur d'autres points et
« le canal de Roubaix, tel qu'il va être achevé, constitue une
« œuvre fort défectueuse, à la merci des machines à vapeur qui
« l'alimenteront et ne possédant strictement que l'eau néces-
« saire à la batellerie.

« On a bien créé, avec Tourcoing, une alimentation d'eau
« de la Lys; mais l'expérience démontre chaque jour combien
« cette entreprise coûteuse répond peu aux espérances qu'elle
« avait fait naître.

« On pourrait bien, avec l'assentiment du gouvernement
« belge, prendre de l'eau à l'Escaut, mais là on n'aurait qu'une
« eau, abondante il est vrai, mais propre seulement aux usages
« industriels.

« Or, la couche aquifère de Roubaix, comme celles de toutes
« les grandes agglomérations, va s'épuisant et s'infectant de
« jour en jour, les puits se putréfient rapidement, les eaux
« potables deviennent de plus en plus rares et l'on peut prévoir
« le temps où elles feront complétement défaut; tout concourt à
« amener ce funeste résultat : les égouts si défecteux, les con-
« duites de gaz, les agents chimiques produits par l'industrie et
« qui se perdent sur le sol et dans les égouts. Une telle pers-
« pective est grave, susceptible de compromettre les intérêts
« les plus sérieux de l'industrie locale et, dès maintenant, il est
« nécessaire, urgent de conjurer un tel péril en créant une
« alimentation d'eaux potables et industrielles, abondantes et
« pures.

« Ces eaux nous croyons les avoir trouvées, mais, pour en
« acquérir la certitude, il est nécessaire de faire des études,
« des expériences, des projets qui détermineront la quantité
« d'eaux captables, les moyens d'amenée et leur prix de
« revient.

« **2° Évacuation et épuration des eaux d'égout.** — La contre-
« partie d'une alimentation d'eau, c'est-à-dire l'évacuation des
« eaux impures produites par les besoins domestiques et indus-
« triels est d'une importance non moins grave. Or, à Roubaix,
« on ne s'est jamais beaucoup préoccupé de cette question. Le

» réseau d'égouts est aussi défectueux que possible, sans con-
» ception d'ensemble, sans une entente intelligente des reliefs
» du sol et des ondulations qui le partagent en petites vallées.
» Rien, dans les dimensions des égouts, dans leurs pentes, dans
» leurs sections, dans leurs profondeurs, ne peut distinguer
» les égouts simples d'avec les émissaires et les collecteurs ou,
» plutôt, on n'a nullement songé à cette distinction essentielle.
» On a bien essayé de créer un collecteur dans la grande rue,
» mais l'emplacement en est si mal choisi, ses pentes ont été
» tellement peu étudiées, qu'il lui est impossible de remplir
» efficacement son rôle.

» La ville possède bien un collecteur naturel, le Trichon ; mais
» les constructions qui le bordent ont tellement diminué sa
» section et modifié sa pente, que l'on ne peut songer sérieuse-
» ment à le mettre en rapport avec les besoins de Roubaix
» agrandi. Heureusement le comblement du canal permettra de
» construire un véritable collecteur, en rapport avec les plus
» larges prévisions de l'avenir et qui sera le point de départ d'une
» amélioration intelligemment progressive du réseau évacuateur
» des impuretés de la ville.

» Mais, à Roubaix, l'évacuation promptement faite, le pro-
» blème est loin d'être entièrement résolu, une autre difficulté
» se présente et il faut la surmonter : la Belgique se plaint, non
» sans raison, de l'infection répandue par les eaux provenant
» de Roubaix et de Tourcoing, et il faut s'attendre à la voir pro-
» chainement réclamer l'épuration des eaux faisant l'objet de sa
» plainte. C'est là encore une question à étudier et dans laquelle
» la configuration du sol devra intervenir pour le choix du sys-
» tème à employer. Cette étude s'impose à la ville de la façon la
» plus urgente.

» **3° Réseau de grandes voies publiques.** — S'il est une
» partie importante de l'outillage industriel général qui doive
» être l'objet des soins constants d'une ville telle que Rou-
» baix, c'est certainement la voie publique. C'est par elle que se
» font tous les transports entre les gares, les ports et les usines,
» c'est elle qui est le grand instrument de transit et son plus ou
» moins de perfection se traduit immédiatement par une traction
» plus ou moins facile, c'est-à-dire par une économie plus ou

» moins grande dans la production. Cette idée simple , logique,
» doit être le seul guide en matière de voirie urbaine et c'est pour
» l'avoir négligée que beaucoup de villes végètent et ne partici-
» pent pas au progrès général. La ville de Roubaix , plus que
» toute autre , par son genre d'industrie, doit se préoccuper de
» cette question si elle ne veut pas rester stationnaire, c'est-à-
» dire se placer sur le chemin de la décadence.

» Or, il faut bien le reconnaître, les efforts ont jusqu'à présent
» été faibles en matière de voirie. L'initiative individuelle, sou-
» vent peu intelligente, presque toujours égoïste des propriétaires,
» a été la seule créatrice de la généralité des rues qui composent
» la ville agrandie ; aux anciens chemins ruraux peu élargis ,
» peu redressés, s'est bornée à peu près toute la sollicitude de la
» commune et il en est résulté un réseau de voies publiques
» étroites, mal alignées, imparfaitement coordonnées , incapbles
» de servir efficacement à leur destination.

» Mais le territoire disponible , à Roubaix , est considérable
» puisque, sur une surface totale de 1,275 hectares, il n'y en a
» guère que 450 qui composent la ville actuelle ; l'aggloméra-
» tion a donc encore 825 hectares sur lesquels elle peut s'étendre,
» c'est-à-dire que Roubaix peut être facilement triplé sans dé-
» passer ses limites territoriales. Or ce serait un véritable mal-
» heur public, une atteinte grave portée à l'industrie locale que
» cette extension probable de la cité se fît dans les mêmes con-
» ditions que la ville actuelle et, dès à présent , il est du devoir
» d'une administration sage et prévoyante de songer au futur
» réseau de Roubaix.

» Deux mesures sont indispensables pour assurer cet avenir
» des voies publiques ; la première serait de créer un réseau
» général de larges voies dont les unes envelopperaient le ter-
» ritoire et les autres rayonneraient des différents centres aux
» principaux points de la circonférence ; la deuxième serait de
» maintenir rigoureusement le droit de l'administration à inter-
» venir dans l'ouverture des rues dues à l'initiative particulier
» et de s'opposer énergiquement à celles dont le tracé et le nivel-
» lement seraient susceptibles de compromettre la perfection du
» réseau de l'avenir. On le voit ces deux mesures exigent de
» nombreuses études car, outre les projets à dresser pour le

« compte de la ville, il sera indispensable d'examiner et de véri-
« fier minutieusement les projets particuliers.

« 4° **Tramways.** — L'établissement d'un réseau de chemins de
« fer américains est devenu, actuellement, l'objet des préoccu-
« pations de la généralité des grandes villes. Celles dont le
« mouvement commercial ou industriel est considérable en res-
« sentent plus vivement le besoin : c'est ce qui fait que, depuis
« dix-huit mois, l'administration municipale de Roubaix a songé
« sérieusement à doter la ville d'un réseau de tramways, relié
« au réseau que se propose d'établir la ville de Lille.

« Mais des difficultés se sont élevées qui ont retardé la demande
« en concession ; ces difficultés étant communes aux deux villes,
« Roubaix a laissé à Lille le soin de vider le litige afin de
« n'aborder elle-même la question qu'après l'aplanissement des
« obstacles. Aujourd'hui les difficultés étant levées, la ville de
« Lille a pu obtenir sa concession et procéder aux formalités
« préliminaires ; dans peu de temps il lui sera permis, soit de
« commencer elle-même les travaux, soit de céder sa concession
« à une Compagnie.

« Or Lille possède, dans la ville agrandie, un admirable réseau
« de voies publiques qui lui permettra de coordonner toutes les
« lignes de tramways et d'en faire un ensemble irréprochable
« dans lequel l'industrie et le commerce trouveront d'immenses
« facilités. En effet, il y a dix-huit mois, nous avions pensé à
« choisir pour les tramways, la même entre-voie que celle des
« chemins de fer, de manière à pouvoir y établir un service de
« marchandises communiquant avec les gares des chemins de
« fer et desservant directement les usines ; or la ville de Lille a
« adopté ce mode et l'on conçoit l'énorme avantage qu'en doivent
« retirer les usines qui pourront ainsi supprimer les transbor-
« dements et les camionnages toujours si coûteux. Seulement,
« pour que tout l'effet utile soit produit, il est indispensable de
« chercher à créer le réseau de voies publiques dont l'utilité est
« démontrée à l'article précédent.

« Les formalités à remplir pour l'obtention de la concession
« exigent des études complètes et détaillées qu'il est impossible
« de faire rapidement avec les ressources ordinaires du service
« d'entretien.

« 5° **Docks et magasins généraux.** — Des docks (mis en communication avec les lignes ferrées et les voies navigables, desservis par les tramways, seraient le complément des objets indispensables à l'extension de l'industrie locale. On a vu, en effet, ces dernières années, combien le trafic des chemins de fer laissait parfois à désirer et de quelle utilité eussent été des docks renfermant des approvisionnements considérables. Cette création aurait cet avantage d'éviter l'entrepôt des matières premières dans les docks des ports de mer, et cet autre de pouvoir les transporter à peu de frais par les voies navigables afin de les avoir toujours à la portée des manufactures, avantages inappréciables qui auraient pour résultat de faire, de notre centre industriel, un important marché de matières premières, au grand profit de l'industrie locale.

« 6° **Marchés.** — La cherté des vivres à Roubaix tient surtout à ce que les marchés sont mal approvisionnés; aussi la construction de halles serait une véritable œuvre de bienfaisance pour la population nécessiteuse. L'industrie ressentirait immédiatement un heureux contre-coup de l'abaissement du prix des denrées et, ainsi encore, on ferait œuvre de protection industrielle. C'est encore là une entreprise urgente vers laquelle on ne saurait trop tôt diriger ses études.

« 7° **Écoles primaires et d'apprentissage.** — En outre de la série d'établissements scolaires dont nous faisons actuellement les projets, il sera nécessaire d'étudier la fondation d'asiles nouveaux et, surtout, d'écoles d'apprentissage. Il est, en effet, inouï de voir une ville industrielle aussi importante que la ville de Roubaix, négliger non-seulement l'instruction primaire des enfants, mais encore leur instruction technique. Déjà l'administration municipale et le Conseil ont compris tout ce qu'il y aurait de fécond pour l'avenir industriel de la ville et pour le bien-être de ses habitants dans la création d'écoles où les filles et les garçons trouveraient l'éducation du travail plus complète, plus morale et moins routinière que dans l'atelier; aussi ont-ils rangé les écoles d'apprentissage parmi les entreprises urgentes dont ils auraient à s'occuper; il serait donc nécessaire, dès maintenant, d'en entreprendre activement l'étude.

« 8° **Parcs et squares.** — Les parcs et les squares sont non

« moins indispensables à la population d'une grande ville que
« les œuvres en apparence plus utiles. L'hygiène est vivement
« intéressée à la création de ces lieux d'agrément et, en enlevant
« l'ouvrier quelques heures au cabaret, on atteint un but qui
« satisfait aussi la morale. A Roubaix il est nécessaire de songer
« dès maintenant à cette partie de l'œuvre d'ensemble puisque
« les promenades manquent presque totalement. On peut affir-
« mer que cette création se ferait sans appauvrir le budget de
« la ville car le peu d'attrait qu'elle offre maintenant fait qu'on
« la déserte aux heures de délassement de sorte que les dépenses
« se font ailleurs au détriment du commerce local. Enfin il faut
« songer à la partie intéressante et nombreuse de la population
« pour laquelle les plaisirs du dehors sont impossibles, parce-
« qu'ils sont presque toujours coûteux, et qui ressentirait comme
« un véritable bienfait la jouissance douce et élevée que pro-
« curent les jardins et les parcs.

« Contribuer, par l'ensemble de ces entreprises, à doter Rou-
« baix des indispensables instruments de salubrité, de circu-
« lation, de commerce, d'instruction et d'hygiène ; donner à cette
« ville qui tend, en ce moment, à s'arrêter dans son essor, tous
« ces éléments indispensables de l'industrie moderne, portée
« sur les ailes de la science vers un progrès indéfini, c'est
« accomplir une véritable régénération de ce centre manufac-
« turier qui ne doit son étonnante prospérité qu'à l'activité et à
« l'initiative de ses citoyens, puisque, ni la nature, ni les admi-
« nistrations, n'ont rien fait, rien tenté d'efficace pour la placer
« sur un pied concurrentiel favorable vis-à-vis des autres villes
« européennes. En effet dépourvu d'eau, cette première nécessité
« de l'industrie et de l'hygiène, sans instruments économiques
« de transports, Roubaix s'est vu livré à ses propres ressources,
« obligé de construire les routes lui donnant des débouchés,
« d'exploiter à ses risques et périls un canal dû à l'initiative
« particulière, à établir une distribution d'eau qui est une
« immense déception, sans que l'État ni le département, malgré
« les lourds impôts qu'ils lèvent sur cette localité, aient songé à
« intervenir en proportion des charges qu'ils lui imposent.

« Et cependant, l'industrie roubaisienne est une notable et in-
« téressante partie de l'industrie nationale ; l'État, en lui don-
« nant les facilités indispensables, eut fait œuvre sérieuse et

« productive de protection ; tous y eussent gagné et lui-même
» s'en fût trouvé enrichi. Or, il faut le constater, les ressources
» locales étaient un faible levier entre les mains de l'Adminis-
» tration municipale pour soulever un fardeau aussi considé-
» rable que l'œuvre d'amélioration générale qui vient d'être
» sommairement indiquée et il n'y a rien d'étonnant qu'elle
» n'ait rien fait pour l'entreprendre ; il faut également recon-
» naître qu'avec la situation actuelle de notre pays, l'entreprise
» est de plus en plus difficile, les ressources étant de plus en
» plus restreintes.

» Cependant il n'est rien qu'avec de la persévérance, de l'étude,
» de patientes tentatives, on ne parvienne à réaliser ; ne rien
» sacrifier aux intérêts secondaires tant que les intérêts pri-
» mordiaux sont en souffrance ou sont menacés, se tracer un
» programme net, logique, concret de l'œuvre à aborder et en
» poursuivre résolument l'application, tel est le meilleur moyen
» d'atteindre à la réussite. Il est du devoir du Conseil municipal
» d'envisager froidement la situation, de reconnaître qu'au
» point atteint par Roubaix il n'y a plus qu'à péricliter si les ins-
» truments généraux de travail continuent à faire défaut ou à
» être défectueux, et, ensuite, à entrer ardemment dans la voie
» d'amélioration et de régénération tracée par le programme
» adopté.

» C'est pour aborder cette œuvre de vie et de prospérité qu'il
» est nécessaire de créer, dès maintenant, un service d'études
» capable de dresser les projets propres à la réaliser. C'est là
» une nécessité qui s'impose à Roubaix et, en ajourner la for-
» mation, ce serait peut-être une perte irréparable de temps.
» Après les malheurs qui nous ont frappés, il y a lieu d'espérer
» que nous touchons au terme de nos souffrances et qu'une ère
» prochaine de prospérité, en engendrant des ressources nou-
» velles, permettra de réaliser les parties les plus indispensables
» du programme ; or on ne saurait trop tôt se préparer, par
» l'étude consciencieuse de projets toujours longs à dresser, à
» aborder de front l'entreprise de l'œuvre immense dont la réa-
» lisation ferait, de Roubaix, l'une des villes de l'Europe les
» mieux armées pour la concurrence industrielle et les plus
» favorisées dans la grande lutte du travail fécond et progressif
» de la paix.

» Sans doute les nécessités budgétaires nous font une impé-
» rieuse obligation de nous montrer réservés dans les dépenses
» nouvelles, mais il est des dépenses productives qu'il faut sa-
» voir toujours faire parce qu'elles compensent au centuple les
» sacrifices qu'elles ont imposés. Toutes les dépenses faites
» intelligemment, pour l'étude de projets, sont de cette nature
» et jamais elles ne devraient être l'objet de la moindre hésita-
» tion Cependant les propositions qui sont le corollaire de tout
» ce qui vient d'être posé, resteront dans les limites de la plus
» extrême modestie quitte, plus tard, lorsqu'on aura reconnu
» les bienfaits du service d'études, à le mettre en rapport avec
» l'importance de l'œuvre à accomplir.

» Voici donc quelle pourrait être, quant à présent, la compo-
» sition du service d'études :

» Un inspecteur, ingénieur civil	4,000 fr.
» Deux conducteurs.	4,000
» Un dessinateur	1,500
» Deux aides-opérateurs	2,400
» Instruments, essais, épreuves, frais » divers pour opérations, déplacements, » journées d'ouvriers, etc.	3,100
» Total.	15,000 fr.

» En faisant cette proposition, le soussigné est intimement
» persuadé qu'il convie l'Administration et le Conseil à entre-
» prendre une œuvre splendide qui doit placer Roubaix au pre-
» mier rang des villes industrielles puisqu'il s'agirait de joindre
» à l'activité et à l'intelligence bien connues de ses habitants,
» les outils généraux les plus indispensables au parfait fonc-
» tionnement de l'industrie moderne. Il sait qu'il sera compris,
» sinon devancé, aussi est-ce avec la plus entière confiance
» qu'il a l'honneur de présenter cette proposition.
» Roubaix, le 26 juin 1873.

« Émile Moreau. »

Le Conseil adopta la proposition qui fut approuvée par le
Préfet le 30 août suivant.

3. — La proposition était-elle inopportune ? Et, comme l'a

prétendu la nouvelle administration, le directeur des travaux était-il dépourvu de sens pratique et le Conseil capable d'entraînements irréfléchis ? Les hommes, qui gouvernent actuellement la ville malgré elle, auraient-ils seuls le don de suprême et infaillible sagesse ? Nous savons bien que M. Motte-Bossut a dit : « Nous n'avons pas besoin d'eau potable ! » Nous avons bien entendu M. Descat s'écrier : « La ville est trop propre ! » mais, le croirait-on ? une semblable suffisance ne nous a point convaincu : nous avons jeté les yeux sur le passé et nous avons vu que tout y avait été fait sans plan, sans ordre ; qu'on n'avait rien su régler ni prévoir, que la question si importante des eaux avait reçu une solution déplorable, que les eaux vannes des égouts, mal évacuées, compromettaient gravement l'hygiène de la cité et ce n'est pas sans terreur que nous nous rappelions, à ce propos, le rapport du comité métropolitain de salubrité à Londres, en 1864, sur les causes de la propagation du choléra, nous regardions le plan de la ville et nous n'y voyions pas les facilités que l'industrie et le commerce ont le droit d'exiger pour leurs transports ni les conditions que la salubrité réclame ; pas de marchés, des écoles plus qu'insuffisantes et mal aménagées, aucune promenade, voilà le résultat de notre examen ! Nous avons cherché alors quelle pouvait être la cause d'un état aussi lamentable : quoi, nous disions-nous, les administrateurs de cette ville ont toujours été d'éminents industriels, à l'esprit fécond, souple, actif ; ces précieuses qualités sont la source de leur fortune personnelle et de leur prospérité constante ; pour eux ils ont su tout prévoir, oser tout, tandis que, lorsqu'il s'est agi de la ville, ils se sont montrés d'une timidité excessive, d'une étroitesse de vue remarquable, compromettant ainsi les intérêts généraux et, conséquemment, par contre-coup, les leurs propres ! Pourquoi cette étrange anomalie ? Hélas ! Il faut bien le dire, en ceci, comme en politique, ce qu'on a appelé improprement, très-improprement, même, l'esprit conservateur, ne voit rien au delà des intérêts immédiats, personnels ; mon *intérêt avant tout et substitué à tout*, voilà l'*ultima ratio* du prétendu conservateur et son œuvre se ressent toujours de cette fatale tendance ; alors quelle que soit son honnêteté, quelque loyales que soient ses intentions, on peut être persuadé qu'il sera dominé par l'esprit qui le mène et que ses actes seront fatals aux intérêts généraux qui lui sont confiés.

L'état actuel de Roubaix est la preuve incontestable de tout ceci et l'avenir de l'industrie de cette ville est sérieusement compromis si un nouvel esprit, plus fécond, plus désintéressé, ne vient pas changer la direction de ses affaires en la faisant entrer dans la voie sagement mais invinciblement progressive que les municipalités américaines ont si résolument parcourue au grand profit de la prospérité du pays et des particuliers. Il est vrai que les graves hommes d'Etat qui conduisent notre barque appellent cela l'esprit d'aventure et prédisent les désastres les plus épouvantables comme devant résulter de sa mise en pratique, mais, après examen, personne ne s'y arrêtera parce que chacun sait, — et le Roubaix industriel de 1862 est là pour en témoigner hautement, — que l'audace n'exclut pas la prudence et qu'une grande hardiesse de vues et d'exécution n'est généralement que la plus sage prévoyance. On n'aura donc aucun égard pour l'opinion des satisfaits, toujours disposés à tout arrêter parce qu'eux-mêmes éprouvent le besoin de se reposer, on se dira qu'une cité industrielle doit être toujours jeune, toujours active, constamment soucieuse de son avenir, résolument affamée de travail et qu'elle ne peut que perdre son temps et ses capitaux en écoutant les hommes obèses qui prétendent tout entraver pour souffler plus à l'aise.

La proposition votée par le Conseil était donc essentiellement pratique, inspirée par l'intérêt bien compris de la ville, et les travaux qui en devaient résulter auraient été le point de départ d'une prospérité dont le passé ne peut nous donner qu'une faible idée parce que le passé industriel de Roubaix représente la fougue, l'entraînement, l'activité individuels, mais empêtrés dans la confusion, dans l'imprévoyance générales, tandis que l'avenir, ordonné, régularisé dans l'ensemble, eût offert un nouveau champ à l'initiative privée et eût décuplé les moyens d'action de la manufacture de Roubaix. Nous verrons, dans chaque étude particulière, comment l'état financier de la ville aurait pu supporter les dépenses qui auraient résulté de ces travaux sans éprouver le moindre trouble, sans courir le plus petit risque.

Aujourd'hui, par la grâce de nos nouveaux administrateurs, sans que le Conseil municipal ait été appelé à revenir sur son précédent vote, l'œuvre sortie de la délibération du 13 août 1873 n'existe plus. Plus d'études, plus de projets ! Telle est la devise des mandataires de l'ordre moral à Roubaix. Mais nous nous trompons, on étudie encore, on projette toujours : on étudie la petite bête qui consiste à chercher avec une louable ardeur d'introuvables malversations dans la gestion de l'administration républicaine et dans celle des travaux municipaux ; puis on projette des travaux utiles.... à ces messieurs ; nous le prouverons plus loin.

1. — Si, cependant, il est une ville dont la position exceptionnelle, intéressante, mérite une étude approfondie, n'est-ce pas Roubaix ? Quelle autre, en effet, en France, offre au même degré d'intensité ce phénomène de développement régulièrement progressif dont notre siècle fournit l'unique exemple ? Ici, en effet, rien d'extérieur n'est venu contribuer à l'accroissement constant de la population, aucune annexion de commune suburbaine, aucun effort de l'administration générale cherchant à stimuler sa production manufacturière, aucune œuvre de la collectivité communale, même, ne sont venus motiver la prospérité générale ; tout, absolument tout, est sorti de l'effort individuel ! C'est le plus vigoureux, le plus efficace des efforts, il est vrai, et nous le reconnaissons sans peine, mais combien ne gagnerait-il pas en puissance si l'association communale venait à propos diriger, systématiser le mouvement, éviter les froissements, les chocs, les forces détruites et combattre les obstacles qui, trop souvent, viennent de plus haut !

Le tableau suivant donnera une idée du mouvement de la population roubaisienne depuis le commencement du siècle.

Années	POPULATION	Augmentation annuelle	Unité générale d'accroiss.	Unité propor. d'accroiss. x 1000 h.	OBSERVATIONS.
1801	8302				
		134	1 05	16	
1804	8701				1er février 1865, Chambre consultative.
		146	1 08	17	
1806	8937				7 Août 1810, Conseil des Prud'hommes.
		228	1 47	21	
1820	12187				Première machine à vapeur à Roubaix.
		157	1 58	12	
1826	13132				
		1011	2 19	64	Introduction du Jacquart.
1831	18187				
		252	2 34	13	
1836	19445				
		1071	2 99	49	Création des Chemins de Fer.
1841	24802				
		1247	3 74	45	
1846	31039				
		683	4 15	21	
1851	34456				
		945	4 72	26	
1856	39180				
		2019	5 93	46	
1861	49274				
		3086	7 79	54	15 Août 1862, Distrib. des eaux de la Lys.
1866	64706				
		2256	9 15	32	
1872	75987			moy. 31	

Ce tableau rend sensible la cause réelle des principaux accroissements de Roubaix ; à chaque acquisition d'un instrument nouveau la puissance du pays reprend un essor subit pour revenir ensuite à sa progression normale. C'est ainsi que, la moyenne de progression annuelle par 1,000 habitants étant 31, ce chiffre atteint 64 lors de l'introduction du Jacquart, 49 à l'époque de la création des chemins de fer, 54 lorsque l'eau de la Lys est distribuée à l'industrie, ce dernier chiffre s'élevant même à 93 si l'on ne considérait que les deux années 1863 et 1864. Un seul instrument semble n'avoir produit aucune impression sur le mouvement ascensionnel de la population : c'est la machine à vapeur, mais il est bon d'observer que, faute de moyens de transport, l'emploi de la machine ne se généralisa pas immédiatement et que ce n'est que lorsque le canal fut

ouvert à la navigation que les charbons purent arriver à
Roubaix et amener la généralisation des machines.

Notre thèse reçoit donc la sanction des chiffres et, désormais,
nous pouvons considérer comme une loi irréfutable que *la
prospérité d'un pays est en relation directe avec le nombre
des instruments de travail qu'il sait conquérir*. On a vu que
c'était précisément le but poursuivi par la dernière administration municipale en cherchant à doter Roubaix des instruments généraux de travail sans lesquels toute ville manufacturière ou commerçante entre infailliblement dans une ère
d'irrémédiable décadence.

5. — Nous ne terminerons pas cet exposé sans exprimer un
regret : Roubaix et Tourcoing sont deux villes-sœurs, leurs
relations sont aussi multiples qu'incessantes, leurs intérêts ont
une connexité absolue et, cependant, une antipathie peu déguisée
les anime réciproquement ; on l'a vu à toutes les époques
lorsque quelque question commune était en suspend : toujours
la lutte prenait un ton acrimonieux peu compréhensible lorsque
l'on songe combien les liens de famille sont nombreux entre les
deux cités. Il y a là comme un effet de ces haines vivaces qui
agitaient les bourgeois de communes voisines au moyen-âge ;
c'est la même âpreté de discussion, c'est le même parti-pris de
refuser de s'entendre. Et, cependant, tout semble inviter les deux
villes à se raprocher intimement : les besoins de leur commerce,
les nécessités de leur travail leur imposent l'obligation de multi-
plier entr'elles les moyens de communication et les œuvres
d'utilité publique ; en un mot leur intérêt bien entendu devrait
les pousser à créer, par une entente commune, l'outillage général
que nous nous proposons d'étudier.

Il serait bientôt temps de réagir contre cet antagonisme
déplorable qui toujours a porté les hommes à se faire la
guerre sans raison. Avec nos tendances démocratiques actuelles
le besoin de fraternité qui rapproche les hommes, le sentiment
de solidarité qui tend à les unir devraient effacer toute trace de
ces luttes séculaires qui déshonorent les citoyens et rendent
leurs relations insupportables. Entre Roubaix et Tourcoing,
surtout, il est évident qu'une entente, une espèce d'association
inter-communale, produirait des résultats très-féconds, incal-
culables. Nous livrons cette pensée aux citoyens des deux
villes, et nous espérons que, lorsque le mesquin et étroit esprit

de prétendue conservation sociale, qui dirige en ce moment nos destinées, aura cessé de chercher à étouffer ce qu'il y a de grand et de viril dans notre pays, elle trouvera un écho puissant dans leurs cœurs.

Certes les objections ne manqueront pas : on dira, surtout, qu'il y a dissentiment sur les moyens économiques en usage dans les deux villes ; qu'ici on travaille de préférence avec le crédit et là avec le capital, que les habitudes prudentes et réservées de là-bas ne sont pas de mise ici, mais cette raison, quoique la plus importante, a peu de valeur ; un mouvement invincible entraîne en effet le commerce et l'industrie vers des errements généraux qui, bientôt, feront disparaître les routines particulières et les habitudes locales. Le capital est un outil industriel comme un autre, et c'est à le faire travailler le plus possible que doit s'employer la société moderne ; plus il se multipliera par le crédit, plus la richesse générale grandira, plus aussi s'accroîtra le bien être particulier. Nous offrons ces réflexions sommaires aux méditations de nos concitoyens des deux villes et nous espérons qu'ils trouveront une justification de l'opinion qui vient d'être exprimée en examinant les causes qui font que la prospérité de Roubaix et la progression de sa richesse générale ont été infiniment plus grandes qu'à Tourcoing. Avis aux hommes de bonne volonté et aux esprits fraternels !

6. — Nous terminerons ces généralités par quelques observations qui en résumeront la pensée.

La commune doit se considérer comme l'association naturelle de toutes les forces vives de tous les citoyens, en conséquence elle doit veiller à pourvoir la société ainsi composée de tous les éléments de prospérité et de bien-être qui contribuent au bonheur commun. Elle doit laisser les intérêts particuliers aux soins de l'initiative individuelle pour s'occuper surtout de ce qui concerne les masses dans leurs besoins physiques et moraux ; elle doit travailler à doter la communauté de tous les instruments généraux indispensables à son industrie particulière et chercher à rapprocher les hommes par une instruction rationnelle et générale qui, seule, peut faire entrer dans la pratique le sentiment fraternel qui dérive des principes démocratiques vers lesquels est invinciblement entraînée la société moderne.

Entrer enfin dans le mouvement splendide qui proclame la solidarité des hommes entre eux en cherchant à généraliser les œuvres coopératives qui, elles seules, peuvent arriver à utiliser les nombreux éléments de prospérité qui restent enfouis, faute d'entente, dans nos sociétés actuelles, vouées à l'abrutissement et à la misère par leurs funestes habitudes d'antagonisme et de guerre, tandis qu'elles pourraient se relever si une saine éducation leur apprenait à tirer parti de toutes les ressources qu'elles recèlent, tel devrait être le but de toute administration municipale, réellement, sincèrement dévouée à l'intérêt public. A ce point de vue le suffrage universel avait eu la main heureuse, à Roubaix, mais le ministère de Broglie, qui vient de tomber si piteusement, a cru devoir étouffer des tendances par trop désintéressées pour faire diriger nos affaires par des hommes qui nous apportent tout ce que le passé pouvait nous montrer de plus mesquin, de plus intéressé et, en outre, de plus passionnément intolérant.

Mais les municipalités d'ordre moral passent comme les ministères de combat et le pays les juge alors à leur propre valeur. Il en sera naturellement de l'administration actuelle de Roubaix comme du ministère tombé le 15 mai, son patron, tous auront à se présenter devant leurs électeurs, un jour ou l'autre, et nous verrons alors de quelle façon seront appréciés leurs actes par le juge en dernier ressort : l'opinion publique.

Quel que soit le sort réservé à notre pays, l'étude à laquelle nous allons nous livrer ne sera pas inutile, nous l'espérons ; il nous reste toujours quelque chose des idées généreuses et, tôt ou tard, elles finissent toujours par être mises en pratique, surtout lorsqu'elles visent le bien-être général.

Notre point de départ est celui-ci : nous considérons la ville comme nous le ferions d'un organisme animal où toutes les fonctions doivent être régulières et permanentes. Ici comme là c'est à des conditions normales, déterminées, prévues, que la vie est possible. Comme les artères et les veines distribuent et épurent le sang dans le corps humain, ainsi les galeries souterraines des villes doivent apporter à la ville l'eau fraîche et pure, la chaleur, la lumière, secréter les détritus solides et liquides par des opérations mystérieuses qui ne doivent pas se laisser soupçonner à la surface, apporter la vie à la cité et y maintenir une hygiène irréprochable sans nuire à l'aspect extérieur des édifices et des habitations. Puis, au-dessus de ces nécessités matérielles satisfaites, répandre l'instruction partout et en faire une arme effective de concurrence vitale. Notre pays surtout, en a grand besoin : l'industrie de Roubaix n'est-elle pas en grande partie montée pour l'exportation ? Par conséquent ne doit-on pas se préoccuper d'y développer avant tout le savoir et le bon goût ? Répandre l'art par tous les moyens possibles tel doit être le but de toute excellente administration d'une ville industrielle française, car c'est dans cette voie seulement que notre pays peut distancer ses tenaces rivaux dans la lutte pacifique du travail ; or l'art est dans tout et partout et il n'y a qu'à rendre ses manifestations sensibles ; laissez-lui sa libre expansion, amenez-le à raisonner, à devenir scientifique, et les merveilles qu'il répandra éblouiront le monde. Nous en sommes persuadé l'avenir de Roubaix est là, sa prospérité est arrivée à un point où elle doit grandir ou décroître, où son industrie doit faire de nouveaux et décisifs efforts, or ne périclitera-t-elle pas fatalement si vous ne répandez pas, sur la totalité de ses citoyens, l'impression salutaire du Beau et l'influence incontestable du bien-être moral et physique ?

II. — DISTRIBUTION D'EAUX POTABLES ET INDUSTRIELLES

I. — Exposé. — Lorsque, sous l'influence d'une cause quelconque, s'est formée une grande agglomération d'hommes, des faits multiples d'insalubrité s'y révèlent aussitôt ; les habitations, trop rapprochées, sont un obstacle à la circulation de l'air et à la dispersion des miasmes ; les rebuts quotidiens des ménages souillent les cours et les rues ; les déjections de l'industrie pénètrent dans le sol qui manque de l'oxygène nécessaire pour la combustion des matières organiques ; tout enfin concourt à vicier les conditions hygiéniques des villes et le mal va chaque jour grandissant si l'on ne fait intervenir intelligemment et abondamment l'agent hygiénique par excellence : l'eau.

Les anciens, quoiqu'ils ignorassent la plupart des raffinements du luxe moderne, attachaient une importance fort grande à l'alimentation de leurs villes en eaux ; les travaux les plus considérables étaient entrepris par eux pour arriver à ce but ; l'Egypte, Babylone, Carthage, Rome surtout, ont entrepris des œuvres hydrauliques imposantes dans le but d'alimenter les villes, d'en irriguer les jardins, d'y créer des fontaines et des bains publics. Dès alors on avait compris que la santé publique est en rapport direct avec les soins de propreté, dont on est forcé de se priver quand on ne dispose pas de l'eau nécessaire.

La question est devenue bien plus intéressante encore à notre époque où la formation des grandes agglomérations est devenue générale; là, aux besoins domestiques, viennent s'ajouter les immenses besoins d'une industrie qu'ignorait l'antiquité et, cependant, les préoccupations des municipalités sont loin d'être assez vives à cet égard; l'Angleterre, seule, a marché de l'avant, la France ne suit que pas à pas, l'Allemagne reste en arrière. Pourtant la nécessité d'une bonne distribution d'eau n'est plus à démontrer, partout on la désire, mais on recule soit devant la dépense, soit devant les moyens à employer, soit à cause de la difficulté de se la procurer; il est cependant bien rare que cette triple difficulté ne puisse être facilement levée et, presque toujours il faut attribuer au manque d'initiative des municipalités l'absence d'une distribution d'eau qui permette de donner aux ménages et aux établissements industriels toute l'eau qui leur est nécessaire et aux villes le moyen d'assainir l'agglomération par le lavage des rues et des égoûts et l'entraînement des matières putrides qui y séjournent.

D'ailleurs, pour toute ville qui grandit, il y a obligation ; car, même en supposant que l'on puisse se passer d'eau pour l'industrie et pour les besoins publics, en admettant que la salubrité générale n'en impose pas un large emploi, il y a une limite que toute agglomération atteindrait rapidement si elle en était réduite à ses ressources naturelles ; ainsi, prenant Roubaix pour exemple, nous avons vu que la ville est assise sur 450 hectares, or, ses puits et ses citernes ne captent guère que l'eau qui tombe sur une superficie de 500 hectares de sorte que, en écartant toutes les chances défavorables d'évacuation rapide des eaux tombant sur les maisons et sur les voies publiques, en admettant, par conséquent, qu'il soit possible de profiter du tiers des eaux de pluie, soit une hauteur de 0^m. 25 par an, on ne pourrait utiliser que 1.250.000 mètres cubes d'eau par année.

soit 3425 mètres par jour pour 80.000 habitants, ce qui donne, en moyenne pour chaque habitant, 4 litres 27 pour les aliments, la boisson, le lavage du linge et toutes les autres fonctions domestiques ; et, encore, ainsi que nous l'avons vu, nous avons éliminé les conditions qui, dans la plupart des cas, favorisent le prompt écoulement des eaux pluviales vers les ruisseaux ; on comprend combien une telle pénurie s'oppose à l'accroissement régulier d'une ville, combien aussi doivent y être négligés les soins les plus élémentaires de l'hygiène ; on comprendra aussi que son extension ne se fasse qu'au moyen de petites maisons basses, relativement coûteuses comme construction et comme terrain employé, à loyers vraiment exorbitants.

Une ville placée dans ces conditions doit forcément s'arrêter dans son accroissement ; les habitants, n'y trouvant pas la satisfaction des besoins les plus indispensables, doivent tendre à la délaisser, de sorte qu'elle arrive vite à péricliter. Ce fait ne s'est pas encore produit pour Roubaix, parce que son extension est nouvelle et que, par conséquent, le sol n'y est pas encore saturé par les déjections de toute sorte qui résultent de toute grande réunion d'hommes sur un espace restreint, mais l'époque n'est pas éloignée où les conséquences s'en feront vivement sentir, ainsi que nous le verrons plus tard.

C'est donc, non-seulement une nécessité intéressée que d'amener de l'eau dans une ville, mais encore c'est une œuvre philanthropique qui se recommande à l'attention de tous les administrateurs intelligents, jaloux de rendre de réels services aux populations qui ont mis en eux toute leur confiance.

2. **La question à Roubaix**. — Ce n'est pas d'aujourd'hui seulement que la question des eaux est posée à Roubaix. Dans une brochure sur le canal de Roubaix, publiée en 1822, nous trouvons ceci : « Lorsque les étés sont chauds et secs, la plupart « des puits tarissent ; plusieurs fabriques manquent d'eau et « cessent leurs travaux. Il faut aller à une lieue chercher une « eau stagnante et fétide. » Et il n'y avait alors que 12,000 habitants et une seule machine à vapeur !

Le 21 juin 1857, l'administration, essayant d'amener l'opinion publique à son projet de prise d'eau à la Lys, adressait aux habitants une note dans laquelle nous recueillons cet aveu : « Ce « n'est pas seulement l'industrie qui réclame de l'eau, les mai- « sons particulières de plusieurs quartiers ont elles-mêmes été

« privées, pendant la saison qui vient de se passer, de cet élé-
« ment si nécessaire à l'alimentation et aux travaux des ména-
« ges ; et , bien que l'hiver approche , les nombreux transports
« d'eau qu'on rencontre , à chaque instant , dans les rues , dé-
« montrent la continuation d'une pénurie dont les suites se-
« raient véritablement effrayantes pour notre ville , si on n'y
« trouvait un prompt remède. » Et Roubaix n'avait alors que
10,000 habitants !

Aujourd'hui les conditions sont de plus en plus mauvaises. On
a bien donné de l'eau de la Lys à l'industrie mais cette eau est
infecte et l'administration de 1857 ne s'est plus souvenue du
sombre tableau qu'elle avait tracé lorsqu'il s'agissait de disposer les habitants en faveur du projet qu'elle patronnait. Depuis,
les rapports du conseil de salubrité accusent une corruption
croissante des puits, le choléra a trouvé un milieu excessivement favorable à sa propagation dans une ville dénuée des premiers éléments d'une bonne hygiène, chaque année les fièvres
enlèvent une large proie dans cette population dont les besoins
les plus essentiels ne sont point satisfaits et personne , dans
l'administration, au Conseil municipal, ne s'est écrié : « Il nous
faut de l'eau potable ! »

Quant à nous un fait nous avait épouvanté : chaque année,
pendant les mois de sécheresse, on se trouvait dans l'obligation
de distribuer chaque jour de l'eau de la Lys dans les quartiers
ouvriers ! Et, souvent, cette eau était employée pour faire la
soupe ! Se figure-t-on cette eau nauséabonde, servant, pendant
les chaleurs, pendant le rouissage du lin, aux besoins les
plus intimes des ménages ? Il y avait là une situation révol-
tante. C'est à cette époque que nous résolûmes de commencer
nos recherches d'eau potable, mais l'accueil que l'on fit à cette
idée simplement émise n'était point faite pour nous encourager.
Heureusement les événements changèrent le personnel adminis-
tratif ; nous trouvâmes alors, dans le Maire et dans les adjoints
élus par leurs concitoyens, des hommes disposés à entreprendre toutes les œuvres d'amélioration : c'est alors que nous
commençâmes des recherches dont nous sommes heureux
d'affirmer le succès et dont nous décrirons plus bas les circonstances afin d'en démontrer la réalité.

Eh bien croirait-on qu'après la constatation de 1822, après
l'aveu de 1857, après la distribution gratuite d'eau de la Lys,

pour faire la soupe, il se soit trouvé dans le sein du Conseil municipal actuel, un homme pour s'écrier, dans une commission spécialement chargée d'examiner les études, « Nous n'avons pas besoin d'eau potable! » et pour combattre la continuation des recherches ? Nous savons bien que M. Motte-Bossut, habite à Lannoy, une propriété de 9 hectares dans laquelle il doit y avoir de bons puits, mais nous aurions cru que la vue du quartier qui entoure son usine suffirait pour lui démontrer l'impérieuse nécessité qui nous force à amener de l'eau potable à Roubaix; nous nous étions trompé, l'intérêt de son industrie était le seul qu'il vit, à moins que nous n'en entrevoyions, un autre tout aussi égoïste dans le cours de cette étude.

3. Situation topographique de Roubaix. — S'il est une chose capable d'exciter l'étonnement lorsque l'on considère la rapide extension de l'industrie et de la population de Roubaix, c'est sa situation topographique.

Le plateau compris entre l'Escaut, coulant à l'est à la cote 11 au-dessus du niveau de la mer, la Lys coulant au nord à la cote 12, la Deûle coulant à l'ouest à la cote 15, la Marque coulant au sud à la cote 20 et la double vallée de la Petite Marque et du ruisseau de Blandain, dont le point de partage culminant est à la cote 30, est parsemé de petits coteaux arrondis, sans direction générale qui les relie entr'eux, baignés par des ruisseaux insignifiants, à pentes légères. Les points culminants y dépassent rarement la cote 50 et les vallons la cote 25 dans la partie la plus élevée qui correspond au cours de la Marque.

C'est précisément dans cette partie que se trouvent assises les villes de Tourcoing et Roubaix. Celle-ci a son point culminant à Barbieux, à la cote 50 et son point bas au Sartel à la cote 21.

Le territoire de Roubaix est baigné par quatre ruisseaux dont le produit naturel est à peu près nul l'été, peu abondant même l'hiver et qui ne débordent parfois qu'à cause des obstacles artificiels dont leur cours est entravé ; au nord le riez Saint-Joseph, à la limite des territoires de Tourcoing et de Wattrelos, reçoit les eaux d'environ 190 hectares du territoire de Roubaix ; ensuite le riez du Trichon, le plus important de tous, possède, sur le territoire, un bassin de 500 hectares ; celui de la Potennerie vient ensuite, avec un bassin de 430 hectares ; enfin, à la limite des territoires de Lys et de Leers, coule le riez de l'Espierre recevant les eaux de 130 hectares du territoire de Roubaix ; ces ruisseaux ou riez se réunissent à peu près au même point, au Sartel, pour former le ruisseau de l'Espierre coulant vers l'Escaut ; la presque totalité du territoire de Roubaix fait donc partie du bassin de l'Escaut, proprement dit. 25 hectares seulement écoulent leurs eaux dans la Marque par le ruisseau du Crêchet, faisant ainsi, par la Marque et la Deûle, partie du bassin de la Lys.

Ce territoire forme, comme topographie et comme délimitation, une figure à peu près symétrique par rapport à un axe qui, du haut du boulevard de Paris, se dirigerait vers le Sartel, et passerait à peu près par les clochers de Wasquehal, Croix et Watrelos, suivant un angle de 30° E-N. Au nord de cet axe sont les deux bassins du Trichon et du riez Saint-Joseph, sur lesquels s'étale la ville actuelle, formant ainsi le territoire urbain ; au sud se trouvent les bassins de la Potennerie et de l'Espierre, les hameaux de Barbieux, de la Potennerie, du Tilleul, du Pile et des Trois-Ponts y sont situés : C'est le territoire rural.

Cette situation topographique, jointe à la nature du sol, constituait, pour le territoire de Roubaix, une condition agricole excellente et ne fournissait aucun élément favorable au développement de l'industrie ; l'initiative et l'énergie de ses habitants sont venues renverser les dispositions de la nature et, puisque le point de départ est artificiel, il faut nécessairement, par des moyens artificiels, trouver les ressources indispensables à une agglomérat'on qui compte maintenant 80,000 habitants, qui, dans 15 ou 20 ans, doit en compter 150,000 et, dans un avenir indéterminé, contenir au-delà de 300,000 habitants.

Or nous avons vu que le premier besoin d'une grande agglomération d'hommes est de posséder de l'eau en abondance, tant pour satisfaire aux nécessités domestiques qu'à celles de l'industrie et de la salubrité générale, car il est admis que, de tous les corps, l'eau est le plus indispensable à la vie de l'homme ; ses fonctions, qu'elle soit absorbée comme boisson, avec les aliments ou aspirée dans la vapeur de l'atmosphère, sont très-variées, soit qu'on la considère en elle-même comme introduisant dans l'alimentation l'importante combinaison chimique $H.O$, soit que l'on ait égard aux matières minérales indispensables à la vie, qu'à l'état naturel elle tient en dissolution, et qu'elle fait pénétrer sans violence dans l'organisme. Les lavages, les besoins de propreté, doivent, pour être satisfaits, en absorber une notable quantité ; puis vient l'industrie dont l'eau est le besoin le plus impérieux, ensuite les besoins publics : comme extincteur dans les incendies, comme évacuateur dans les égouts, pour restituer à l'air son humidité perdue dans les arrosages publics. etc.

Nous allons examiner successivement quelles quantités d'eau seraient nécessaires pour les habitants, pour l'industrie, pour les besoins publics, dans la triple hypothèse d'une population de 100,000 habitants que Roubaix possèdera en 1880, de 150,000 habitants qu'il y aura avant la fin du siècle et de 300,000 habitants que comporte l'étendue du territoire. Nous compterons largement, plus largement que dans les autres villes de France et de l'étranger, et cela, pour deux raisons : la première c'est que la quantité d'eau nécessaire à chaque habitant augmente avec son éducation, d'abord parce que les soins de propreté se généralisent de plus en plus quand augmente la civilisation, ensuite parce que, de jour en jour se démontre cette vérité, que c'est un fait d'hygiène générale constaté que la santé publique s'améliore à mesure qu'on rend la consommation de l'eau plus facile ; la seconde c'est que l'industrie des laines est le point de départ d'un énorme besoin d'eau et que c'est favoriser le développement de l'industrie qui est la principale source de la fortune Roubaix que de satisfaire à ce besoin. C'est donc un but doublement philanthropique que nous poursuivons puisque nous avons en vue et la santé des habitants et leur bien-être.

4 Quantités d'eaux nécessaires. — 1° *Aux habitants*. — Rien ne serait invariable comme la quantité d'eau dépensée par les habitants d'une ville pour les besoins domestiques, si les habitudes, le climat, les relations n'apportaient pas une perturbation dans la fixation de ce chiffre ; ce n'est donc qu'approximativement que l'on peut évaluer cette quantité.

Si l'on cherche à se baser sur les précédents on trouve des différences telles qu'il serait absurde de prendre une moyenne ; c'est ainsi qu'on trouve à Constantinople 20 litres par jour et par habitant, à Angoulème 40. à Nantes 60, tandis que l'on distribue à Bordeaux 170 litres, à Dijon 200, à Marseille 170, à New-York 568, à Rome 1,105 litres. A Orléans la distribution est de 90 litres, à Laval de 115. A Paris, quand les travaux en cours d'exécution seront achevés, on distribuera 200 litres ; Glascow possède 150 litres et l'on cherche à augmenter encore. Il est donc difficile de faire un choix entre différents chiffres qui, d'ailleurs, comprennent les eaux industrielles et celles que réclament les besoins publics.

Mais nous pouvons essayer d'une détermination approchée. Ainsi les médecins admettent que l'homme absorbe journellement 2 litres d'eau, tant dans les aliments que dans la boisson, et qu'il en emploie 18 pour les besoins de propreté (lavages divers et toilette), soit donc 20 litres.

Pour un cheval on a adopté le chiffre de 75 litres.

Pour une voiture de luxe à 2 roues 40 litres.

Pour une voiture à 4 roues 75 litres.

Par mètre carré de jardin 1 litre 50

Par bain 300 litres.

Enfin, pour la fabrication d'un litre de bière, 4 litres.

Ces quantités admises ont elles-mêmes peu de fixité lorsqu'il s'agit de les appliquer ; ainsi il est évident que l'eau exigée par les besoins de propreté va en augmentant avec l'éducation populaire, que l'usage des bains, malheureusement trop rare, tendra à se généraliser, que l'emploi des pluies froides, si utiles dans les pays humides, s'introduira dans les habitudes, enfin que les robinets dans les *water-closets* (cabinets à eau) deviendront d'un usage commun. La fabrication de la bière varie, de son côté, dans de très-grandes proportions selon le bien-être apporté dans la population par le mouvement commercial ; c'est ainsi que la consommation annuelle qui n'était, en 1862, que de 119 litres par habitant, s'est élevée à 161 litres en 1866 pour redescendre à 101 litres en 1870 ; en 1872 ce chiffre était remonté à 114 litres, mais il est évident que même la plus forte de ces quantités est absolument insuffisante, suppose bien des privations et ne devrait pas s'abaisser au-dessous de 250 litres.

Partant de ces données et sachant que le recensement de 1872 a donné :

Habitants.	75,987
Chevaux.	1,117
Voitures de luxe à 2 roues	84
Voitures de luxe à 4 roues	476

on trouvera, pour une population de 100,000 habitants, une consommation annuelle de :

Habitants, 100,000 à 20 litres   2,000ᵐ
Chevaux, 1,500 à 75 litres.   112,50
Voitures à 2 roues 120 à 40 litres.   4,80
Voitures à 4 roues, 650 à 75 litres.   48,75

       Total.   2,166,05 $\times$ 365 jours =   790,598ᵐ 25
Jardins, 100 hectares recevant 1 litre 1/2 par mètre
pendant 150 jours, =   225,000 »»
Bains, un bain par mois et par habitant, soit
1,200,000 bains à 300 litres, =   460,000 »»
Water-closets, un par 5 habitants, recevant un
litre par jour et par habitant =   36,500 »»
Bière, fabrication de 2 hectolitres par habitant,
soit 200,000 hect. par an, =   80,000 »»

       Total.   1,592,028 25

On, en chiffre rond, 1,600,000 mètres cubes par an, ce qui donne par jour et par habitant 44 litres. Mais il est prudent, si l'on tient compte des besoins croissants de confort amenés par le perfectionnement de l'éducation populaire, de porter ce chiffre à 60 litres; c'est celui qui sert de base à la plupart des ingénieurs et il n'a rien d'exagéré si l'on considère que certains établissements tels que les collèges, les hôpitaux, les boulangeries, etc., exigent une quantité d'eau plus forte que la moyenne.

La consommation domestique deviendrait donc, pour chacune de nos trois hypothèses :

Dans le cas de 100,000 habitants, 6,000 m. c. par jour.

Dans le cas de 150,000 habitants, 9,000 m. c. par jour.

Et dans celui de 300,000 habitants, 18,000 m. c. par jour.

2° A *l'industrie*. — La détermination de la quantité d'eau nécessaire à l'industrie est certainement plus susceptible d'erreurs que celle dont les habitants ont besoin; à Roubaix, surtout, où la statistique des machines à vapeur est fort incomplète et où les industries de la laine et les teintureries absorbent des quantités énormes mais indéterminées d'eau, il est presque impossible de procéder à une recherche, même rapprochée, du chiffre réel qu'exige l'industrie.

En général on a compté sur un chiffre de 45 litres par jour et par habitant; mais cette quantité, suffisante pour une ville qui se trouve dans des conditions normales, ne saurait convenir à

Roubaix, ville exclusivement industrielle et où, comme nous l'avons dit, certaines spécialités en exigent des quantités considérables; ainsi ce chiffre donnerait, pour la population recensée en 1872, une quantité journalière de 3,430 mètres cubes; cependant voici ce qui a été fourni cette même année, aux industriels.

Eau de la Lys, 2,117,254^m, soit, par jour industriel, 5,800^m.

Eau du canal, pour 1,005 chevaux-vapeur, 5,567

Eau des forages, évaluation approximative, 1,000

Total. 15,367

C'est donc presque 5 fois le chiffre adopté, soit environ 200 litres par habitant.

Il est facile d'évaluer ce que consomment les machines à vapeur; ainsi Roubaix possède 16,000 chevaux-vapeur consommant en moyenne, à cause des pertes et des petites machines, environ 3 k. 5 de houille par heure et par cheval, ce qui donnerait, pour 14 heures de travail $14 \times 3\ 50 \times 16,000 = 784,000$ kilog. de charbon. On obtiendrait à peu près la même valeur par un autre procédé: la quantité annuelle de charbon importé étant, en 1872, de 3.191.052 hectolitres, on a, à raison de 80 kilog. l'hect., 255,284,160 kilog., par an, et, pour chacun des 300 jours industriels, 850,714 kilog.; adoptant ce dernier chiffre, et sachant qu'un kilog. de charbon produit 6 kilog. 50 de vapeur, on aurait un poids de vapeur de 5,529,641 kilog. et, conséquemment, un cube d'eau génératrice de 5,500 mètres cubes.

L'eau employée par les machines à condensation resterait, comme nous l'avons vu plus haut, au chiffre de 5,567 mètres cubes.

Resterait donc pour l'eau employée par les industries spéciales, telles que lavages de laines, teintureries, etc., 4,300 mètres cubes, chiffre certainement bien insuffisant qui vient nous prouver que la quantité d'eau élevée des forages est en réalité bien supérieure à celle que nous avons indiquée ci-dessus.

Nous obtiendrons donc toujours un chiffre supérieur à 200 litres par habitant.

Il est vrai que, lorsque les prises d'eau au canal seront interdites ou, au moins, fort limitées; quand, par conséquent, les industriels riverains du canal seront soumis au droit commun, les machines à condensation se transformeront et la dépense d'eau diminuera; mais, d'un autre côté, deux causes amèneront une augmentation de la consommation industrielle : 1° l'eau extraite des forages ne peut augmenter sans amener une baisse très-sensible du plan d'eau, d'où une dépense d'extraction plus considérable ; les habitants et l'industrie qui viendront s'ajouter à la situation actuelle devront donc s'alimenter à une autre source ; 2° l'industrie de la laine tend toujours à augmenter à Roubaix ; les teintureries, de leur côté, prennent de plus en plus d'extension, et il n'y aura de limite à cet accroissement, que la quantité d'eau qu'on y voudra consacrer. Il est donc essentiel de se montrer fort large à ce sujet afin d'encourager ces industries en progrès.

Aussi pensons-nous que le chiffre minimum à adopter à Roubaix, pour la consommation d'eau industrielle, est de 250 litres par jour et par habitant ; soit, pour chacune de nos trois hypothèses :

Pour 100,000 habitants, 25,000 mètres cubes.
Pour 150,000   —   37,500   —
Pour 300,000   —   75,000   —

Ces quantités paraîtront certainement exagérées ; cependant l'exemple du passé est là et nous allons y chercher un point de comparaison :

En 1839, Roubaix avait 18,000 habitants, et le manque d'eau était une menace constante pour sa manufacture ; heureusement, quelques années plus tard, l'ouverture du canal vers l'Escaut lui permit de s'alimenter enfin plus largement ; alors sa fabrication, longtemps stationnaire, put se développer et progresser. Bientôt, cependant, les eaux du canal ne suffirent plus : on creusa des forages, d'abord dans les sables landéniens ; puis, lorsque cette couche devint insuffisante, dans les terrains crétacés. Cependant l'extension de l'industrie, toute rapide qu'elle était, se trouvait toujours distancée par le manque d'eau, de sorte qu'il arriva un moment, en 1857, où Roubaix, possédant 40,000 habitants, le canal et les forages fournissant au moins 10,000 mètres, l'industrie se trouvait sérieusement menacée. On aurait pu, il est vrai, creuser les forages jusqu'au calcaire carbonifère, ainsi que l'ont fait plusieurs industriels, et faire baisser le plan d'eau par un tirage plus énergique, mais la dépense d'extraction eût été considérable et, malgré les efforts faits, on n'aurait pas eu assez d'eau et l'industrie du peignage de la laine n'aurait pu s'installer à Roubaix ; c'était cependant déjà 250 litres par habitant que l'industrie pouvait appliquer à ses besoins ! Et, cependant, on n'hésita pas à créer la distribution d'eau de la Lys, laquelle, maintenant, est insuffisante, au point que l'industrie se trouve encore sérieusement menacée.

Nous pourrions en outre citer des exemples extérieurs, mais nous n'en donnerons qu'un : Verviers a si bien compris que l'industrie de la laine exige un cube d'eau considérable que cette ville, dont le cours d'eau est comparable au Trichon, tant il est impur, n'a pas hésité à projeter une distribution colossale de 15 millions de mètres cubes par an, ce qui revient à 60,000 mètres cubes par jour industriel. La ville n'ayant que 30,000 habitants, c'est 2,000 litres par jour. On commence par la moitié, parce qu'on prévoit le doublement des fabriques, mais c'est encore 1,000 litres par jour, c'est-à-dire quatre fois ce que nous osons demander pour Roubaix.

3° *Aux besoins publics.* — L'eau nécessaire à la satisfaction des besoins publics pour extinction des incendies, nettoyage et arrosage des rues, fontaines et jardins publics peut être fort variable ; on peut en restreindre l'emploi à peu près autant que l'on veut, mais il ne faut jamais perdre de vue ce principe reconnu que la santé publique s'améliore à mesure que l'usage public de l'eau devient plus considérable ; l'arrosage des rues, pendant la saison chaude, restitue à l'atmosphère l'humidité que le rayonnement solaire lui enlève et dont la présence est indispensable ; l'eau des bornes-fontaines entraîne aux égouts les immondices qui séjourneraient dans les fils d'eau des voies publiques au détriment de la salubrité et les fontaines publiques et ent dans le réseau d'égouts des masses d'eau qui chassent au loin les eaux-vannes dont la stagnation, soit qu'elle permette aux eaux corrompues de filtrer dans le sol pour l'infecter, soit qu'elle laisse échapper au dehors des émanations putrides, est un danger permanent pour l'hygiène d'une ville. D'autre part une eau abondante permet d'entretenir une végétation active dans les différents quartiers de la ville, l'action salutaire des plantes constituant, pour l'air, le meilleur agent connu d'épuration.

La dépense généralement admise pour les incendies est de 10 litres par jour et par habitant ; cette quantité est peut-être un peu forte, mais il est bon d'avoir, pour cet objet, une réserve abondante, surtout dans une ville manufacturière où les incendies peuvent prendre des proportions considérables. Nous adopterons donc cette quantité de 10 litres.

Quant à la voie publique, Paris emploie un litre par mètre

carré de surface ; en outre le lavage des ruisseaux exige 5 ou
6 mètres par jour et par borne-fontaine ; cette dernière quantité
est certainement fort variable, les bornes n'étant pas équidis-
tantes, seulement la quantité employée répond à peu près à
deux litres par mètre superficiel. En Angleterre on admet que
l'arrosage, pour être efficace, doit correspondre à une lame de
2 millimètres 50, mais des expériences faites en France ont
démontré qu'avec l'arrosage à la lance, c'est-à-dire avec une
certaine force de projection, on obtient un nettoyage à blanc
avec une lame de 2 millimètres, soit 2 litres par mètre carré.

Lorsque nous traiterons la question d'assainissement on verra
à quel mode nous nous sommes fixé, en raison de l'état du réseau
d'égouts et de la situation particulière de Roubaix, pour le nettoyage de la voie publique ; pour ce qui a rapport à la dépense
d'eau contentons-nous d'énumérer les données suivantes : la
ville possède 460,000 mètres carrés de voies publiques et près de
100,000 mètres carrés de rues particulières, les unes et les autres
étant soumises aux mêmes règlements de police et exigeant les
mêmes soins de salubrité, doivent être assimilées et participer aux
mêmes charges et aux mêmes avantages ; chaque jour de l'année on balaiera les 2/3 de cette surface, le balayage mécanique
étant précédé d'un arrosage à raison de un litre par mètre
carré ; pendant les chaleurs, soit pendant une période de 150
jours au maximum, il serait fait un arrosage hygiénique d'une
égale épaisseur sur la surface générale des voies publiques ou
particulières ; enfin, une fois par semaine, on pourrait laver les
façades à la lance, ce qui augmenterait d'environ 20 °/° la quantité d'eau employée par les voies ; partant de ces données nous
aurons pour ces dépenses d'eau :

Nettoyage des rues, 370,000 mètres carrés pendant 300 jours à
raison de un litre par mètre carré.   .   .   .   . 111,000^m

Arrosage des rues, 560,000 mètres carrés pendant
150 jours, à raison de un litre par mètre carré.   .   84,000

20 °/° des quantités ci-dessus pour lavage hebdo-
madaire des façades.   39,000

Squares, en les supposant en quantité suffisante
pour la population, arrosage de 10 hectares pendant
150 jours, à raison de 1 lit. 50 par mètre.   .   . 22,500

La somme du 1er et du 3e chiffre est de 150,000 mètres cubes, cette quantité, répartie sur 300 jours, donne 500m

La somme du 2e et du 4e chiffre est de 106,500 mètres cubes, cette quantité, répartie sur 150 jours, donne.   710

Différents besoins communaux, lavages journaliers des marchés, abattoirs, etc., fournitures d'eaux aux écoles, collèges, hospices, hopitaux, etc. . . . 800

Total. 2,010m

Soit, pour une population de 100,000 habitants, 20 litres par jour et par habitant.

Quant aux fontaines publiques on compte généralement 20 litres par habitant; ce chiffre correspond à 6 fontaines débitant chacune 10 litres par seconde pendant 10 heures de la journée; ce nombre n'a rien d'exagéré et ne constituerait pas un luxe condamnable pour une ville de 100,000 habitants; nous le maintenons donc en rappelant d'ailleurs que la circulation d'eau qui en résulterait dans les égouts serait un puissant moyen d'assainissement.

Nous avons, on l'a vu, pris la surface des rues actuelles pour celle qu'aura la ville de 100,000 habitants; c'est qu'en effet, la ville, avec son étendue actuelle pourrait facilement suffire à un chiffre supérieur. Une alimentation d'eau potable aurait d'ailleurs pour premier effet d'arrêter l'accroissement en superficie car les lacunes se combleraient et il s'élèverait des maisons à plusieurs étages précisément parceque l'eau pourrait arriver aux appartements superposés. Il en résulterait un abaissement de la cherté des loyers et un heureux assainissement serait la conséquence de l'éloignement des habitations d'un sol argileux dont l'humidité pénètre si facilement dans les murs du rez-de-chaussée des maisons.

Rassemblant les différents chiffres déduits ci-dessus, nous aurons pour la consommation des besoins publics, par jour et par habitant :

Pour les incendies. . . . . . . 10 litres.
Pour la voirie. 20   »
Pour les fontaines publiques. . 20   »
Total.   50 litres

Soit, pour une population de 100,000 habitants.   5,000 mètres.
»   »   » 150,000   »   7,500   »
Et, enfin, pour 300,000 habitants   15,000   »

4° *Résumé*. — Le tableau suivant, établi d'après les déductions que nous venons de faire aussi complètement que possible, nous donnera donc la quantité d'eau nécessaire à la ville de Roubaix pour chacune des trois phases d'agrandissement que nous avons considérées :

	100,000 h.	150,000 h.	300,000 h.
1° Besoins domestiques	6,000me	9,000me	18,000m.e
2° Besoins industriels	25,000	37,500	75,000
3° Besoins publics	5,000	7,500	15,000
Totaux.	36,000me	54,000me	108,000me

Pour donner satisfaction à ces divers besoins d'avenir, voici les ressources dont dispose la ville de Roubaix :

1° **L'eau des puits et des citernes.** — Eu égard aux voies publiques et aux cours pavées, il est certain que les puits et les citernes de Roubaix recueillent à peine le cinquième des eaux de pluie qui tombent actuellement dans les deux vallons de la partie urbaine ; nous avons vu que cette partie comprend, dans le bassin du riez St-Joseph 190 hectares et dans le bassin du Trichon 500 hectares, en tout 690 hectares ; l'eau tombée représente une hauteur annuelle de 0,70, ce serait donc une épaisseur recueillie de 0,14 par mètre carré ; ce qui donnerait, par an 966,000 mètres cubes et, par jour 2,645 mètres. Et, comme ces deux bassins sont fort éloignés encore d'être couverts de constructions, il est évident que la ville de 150,000 habitants ne pourra disposer d'une plus grande quantité d'eau de cette nature ; la ville de 300,000 habitants, établie sur une superficie de 1,275 hectares, jouira, dans les mêmes conditions, d'une quantité d'eau annuelle de 1,785,000 mètres cubes et journalière de 4,900 mètres.

2° **Eau de la Lys.** — La distribution d'eau de la Lys restant dans les conditions actuelles avec l'addition, cependant, de la machine de secours dont la construction est projetée, ne pourra guère fournir à Roubaix un cube annuel supérieur à 7,000 mètr.

3° Canal. — On connaît maintenant la résolution des Ponts-et-Chaussées relativement aux prises d'eaux du canal; niant le droit de la ville au puisage indéfini d'eaux du canal, elle veut bien, le titre de concession seulement, consentir à une fourniture journalière maximum de 2,000 mètres cubes et il est évident que la Ville ferait des efforts absolument vains pour faire revenir le conseil général des Ponts-et-Chaussées sur la décision qu'il a prise.

4° Forages. — Nous avons donné le chiffre de 4,000 mètres cubes pour la quantité extraite des forages et nous étions obligé à une grande réserve à cet égard, en l'absence de toute statistique des puits forés de Roubaix et du cube d'eau qu'ils fournissent; nous n'hésitons pas, d'ailleurs, à dire que, s'ils étaient approfondis à travers la craie, ces puits pourraient fournir une quantité d'eau plus considérable; seulement, comme au-delà d'une certaine quantité, impossible à déterminer avec les seules données que nous possédons, la nappe d'eau s'abaisserait de plus en plus en rendant les frais de puisage beaucoup plus onéreux, il est prudent d'adopter des maxima au-delà desquels il serait plus avantageux de recourir à des eaux extérieures. Nous pensons ne pas nous éloigner beaucoup de la vérité en adoptant les chiffres suivants : 8,000 mètres cubes pour la ville de 100,000 habitants, 10,000 mètres pour la ville de 150,000 habitants et 15,000 pour la ville de 300,000 habitants, la quantité d'eau n'augmentant pas proportionnellement à l'accroissement de la population, le puisage ayant une influence sensible sur l'ensemble de la couche aquifère.

Le tableau suivant résume ces ressources :

	100,000 hab.	150,000 hab.	300,000 hab.
1° Puits et citernes . . .	2,646me	2,646me	4,900me
2° Eau de la Lys	7,000	7,000	7,000
3° Canal	2,000	2 000	2,000
4° Forages	8,000	10,000	15,000
Totaux	19,646me	21,646me	28,900me

En comparant les deux tableaux qui précèdent nous obtiendrons les quantités d'eau que la Ville doit rechercher dans les trois hypothèses que nous avons faites, relativement à son agrandissement ; c'est l'objet du tableau qui suit :

	100,000 hab.	150,000 hab.	300,000 hab.
1° Besoins	36,000me	51,000me	108,000me
2° Ressources	19,646	21,646	28,900
Déficits	16,354me	32,354me	79,100me

Comme on le voit, et ainsi qu'il était naturel de s'y attendre, le déficit augmente dans une plus grande proportion que l'accroissement de la population ; ce fait prouve à quel degré il est urgent pour la ville de Roubaix de rechercher les eaux qui lui seront nécessaires aux différentes époques de son avenir. Ajourner cette grave préoccupation c'est se résigner à un arrêt dans le progrès constant qui a fait la richesse industrielle de Roubaix ; or un arrêt, dans de telles conditions, on ne doit pas se le dissimuler, c'est un recul, c'est la décadence ; car, nous l'avons dit, la marche en avant est la seule condition d'existence de l'industrie moderne et ce n'est que par des améliorations opiniâtres qu'elle peut entreprendre la concurrence efficace qui, seule, peut l'empêcher de péricliter.

Mais, dira-t-on, chercher, pour chaque jour, 80,000 mètres cubes d'eau, c'est-à-dire dix fois ce que fournit la Lys aux deux villes de Roubaix et de Tourcoing, c'est une folie ! (le mot a été prononcé pour une quantité quatre fois moindre.) Folie ? MM. les administrateurs de l'ordre moral, vous croyez ? Un peu de foi, s'il vous plaît, et cherchons toujours : qui sait si nous ne trouverons pas, malgré la témérité de l'entreprise ?

Mais, objectera-t-on encore, est-il nécessaire de prévoir les besoins d'une ville de 150, de 300,000 habitants ? Ces chiffres de population, si jamais nous les atteignons, sont encore tellement éloignés de nous, qu'il y a témérité à s'en préoccuper !... Hé, pas tant qu'on le croit, peut-être... comptons. Nous avons vu que l'augmentation moyenne de la population, depuis l'année 1800, est de 31 habitants pour 1,000, soit, en chiffre rond 3 0/0. Le mouvement de la population roubaisienne se comporte donc absolument comme le ferait une somme d'argent placée à intérêts composés à raison de 3 0/0, et, encore prenons-nous l'accroissement pendant tout le siècle, tandis que, si nous avions pris depuis 1828 (introduction du Jacquart) nous aurions trouvé 3 3/4 0/0, près de 4 0/0 si nous avions compté de l'époque de l'établissement des chemins de fer, enfin près de 4 1/2 0/0 si nous ne comptions que depuis qu'une distribution a été faite. Eh! bien, avec cette progression trop faible de 3 0/0, la ville de Roubaix aura 100,000 habitants, dans 8 ans, en 1882, 150,000 habitants dans 22 ans, en 1896; enfin 300,000 habitants dans 45 ans, en 1919. On voit qu'il est peu téméraire de prévoir les besoins d'une ville de 300,000 habitants, quitte à diviser le projet en parties correspondant aux diverses périodes de l'accroissement régulièrement accéléré dont le passé nous donne le gage pour l'avenir; mais, dès à présent, il n'en est pas moins vrai que les travaux à entreprendre doivent être basés sur le chiffre de 100,000 habitants; 8 années sont si vite écoulées et l'exécution est toujours si lente! C'est sur ces données que nous établirons nos projets d'avenir, non-seulement en ce qui a rapport aux eaux, mais encore à ce qui a trait aux autres travaux d'utilité dont nous avons donné l'énumération sommaire.

5. — Situation géologique de Roubaix. — Sur un puissant plateau d'argile bleue compacte (terrain yprésien), incliné vers la mer suivant une pente d'environ cinq mètres par kilomètres, plissé selon les larges ondes du terrain crétacé, à sa partie inférieure, irrégulièrement affouillé, creusé, sillonné, à sa partie supérieure, par les courants superficiels d'une mer peu profonde, s'est déposé, sur une couche de sable dont l'épaisseur varie de 1m 50 à 3 mètres et quelquefois, mais rarement, davantage, une couche d'argile sableuse d'une puissance variable de 2 à 6 mètres.

Ce sol profond, facilement arable, reposant sur une couche de sable superposée à un terrain absolument imperméable, était, on le comprend, éminemment favorable au développement de la population; les plantes y peuvent puiser de nombreux éléments de nourriture et y trouvent l'humidité nécessaire à leurs besoins d'évaporation, aussi l'agriculture y est elle plus développée qu'ailleurs; en outre, grâce au réservoir souterrain intercallé entre l'argile agraire et l'argile imperméable, l'habitant était certain de trouver partout l'eau nécessaire à sa consommation. Aussi tandis que, partout ailleurs, la population se condense dans les vallons, fuyant les plaines et les plateaux d'où l'eau s'écoule rapidement, nous voyons la Flandre, assise sur l'argile yprésienne, parsemée d'habitations disséminées sur son territoire, sans ordre, sans loi apparente, parcequ'elle a trouvé dans la conformation exceptionnelle de son sol, la réalisation d'un avantage que l'on chercherait vainement ailleurs : se rapprocher du champ sur lequel on doit semer et récolter.

Mais un sol profond, favorisant un rapide développement de la végétation, consommant, par cela même, une grande partie de l'eau de pluie qui tombe à sa surface, presque horizontale, et par conséquent, donnant facilement prise à l'évaporation, est peu fait pour la formation des rivières ; aussi ne lui voit-on donner naissance à aucun ruisseau important, et les rivières qui le traversent ont-elles acquis les eaux qu'elles débitent avant de le sillonner. Donc, s'il peut être habité par une population nombreuse, éparpillée sur sa superficie, le sol de la Flandre est peu propre à recevoir de grandes agglomérations, à moins que ce ne soit sur le bord des rivières qui le sillonnent, et, encore, lorsque ces agglomérations arrivent à dépasser une certaine proportion, est on obligé d'avoir recours à des moyens artificiels, comme à Lille, pour les alimenter en eaux potables.

Pour que l'industrie ait pu s'installer dans ce pays à destination essentiellement agricole, il a donc fallu des conditions prises en dehors de sa constitution physique ; nous en signalons deux : la première c'est le régime de liberté relative dont ont joui les Pays-Bas lorsque le reste de l'Europe — à l'exception des républiques italiennes — croupissait dans la servitude monarchique, de sorte que ces pays, où le travail, moins entravé, était facilement développé par l'initiative des citoyens, était devenu le principal centre de production de l'Occident ; la seconde c'est la facilité de dissémination qu'offrait le travail manufacturier avant l'application générale des machines, et qui permettait que l'industrie s'exerçât sur tous les points du territoire pourvu qu'il possédât quelques places commerçantes, lieux de dépôt naturels des produits fabriqués.

Aujourd'hui ces conditions sont changées ; les machines,

d'abord, l'extension prodigieuse du marché, ensuite, en développant la production, ont amené la formation de la grande industrie et amèneront forcément l'association industrielle, ces deux formes entraînant fatalement les agglomérations considérables de travailleurs ; aussi, là où se manifestent ces condensations artificielles d'habitants, les avantages du sol deviennent-ils insuffisants et doit-on, dès lors, recourir à des ressources extérieures à la couche aquifère naturelle.

Aussi a-t-on pensé à faire des recherches sous l'argile d'Ypres.

A Roubaix, cette argile imperméable a peu d'épaisseur, relativement à celle qu'elle atteint plus au Nord ; ainsi sa puissance n'est guère que de 18 mètres, tandis qu'à Tourcoing on lui trouve 45 mètres, à Halluin 66 mètres, à Hazebrouck 98 mètres, augmentant toujours en se rapprochant de la mer.

C'est qu'en effet la ligne supérieure du soulèvement, dont la direction générale partirait de Tournay, son point culminant, pour se diriger en s'abaissant vers le cap Gris-Nez, passe approximativement par Bouvines, Fâches, Haubourdin, etc. L'argile, déposée sur les terrains inférieurs comme un manteau uniforme, s'est trouvée affouillée et emportée par les eaux, disparaissant entièrement de la ligne de faîte et de ses abords à mesure que s'effectuait le soulèvement lent dont Tournay semble avoir été le centre. Avec elle sont disparus les différents terrains tertiaires et quaternaires qui la recouvraient et dont on ne retrouve plus les traces que dans les collines de Mons-en-Pévèle, de la Trinité, des environs de Bailleul et de Cassel.

C'est donc environ à 25 mètres de profondeur que l'on cesse de trouver l'argile compacte à Roubaix. Au-dessous on trouve des sables de couleurs variables, très-mobiles, fortement aquifères, auxquels les foreurs ont donné le nom de sables verts sous lequel ils sont spécialement connus à Roubaix ; c'est le terrain landénien supérieur composé en effet de sables généralement verdâtres avec quelques veines d'argile. Son épaisseur est d'environ 12 mètres

Vers 37 mètres de profondeur se trouve un terrain à peu près analogue au précédent, mais plus gris, plus compacte, à veines d'argile plus importantes, enfin presque imperméable ; c'est le landénien inférieur d'une épaisseur moyenne de 25 mètres.

Au dessous, à 62 mètres, se trouvent les terrains de craie de la période secondaire; leur importance est d'environ 40 mètres et descendraient par conséquent jusqu'à environ 100 mètres de profondeur. Ils se divisent en trois couches dont la distinction est très-essentielle au point de vue des eaux qu'ils peuvent fournir; la partie supérieure, qui atteint parfois une grande puissance dans les plaines crétacées de l'Artois et de la Champagne, est formée de blocs de craie blanche à silex, séparés par des fissures incohérentes; on l'a nommée la craie sénonienne. L'étage intermédiaire est formé de lits successifs de craie jaune, grise ou verdâtre, en petits fragments, et de couches de marne crayeuse presque imperméables; il constitue la craie nervienne. L'étage inférieur est formé par une argile marneuse, désignée sous le nom de diève, dure, compacte, absolument imperméable, d'une épaisseur de 10 à 12 mètres; sa délimitation avec le terrain nervien est presque toujours fort nette, tandis que la limite commune des craies sénonienne et nervienne est souvent difficile à préciser, la transition de l'une à l'autre accusant fréquemment des formes intermédiaires.

À la base des dièves se rencontre généralement le calcaire carbonifère, dur, nu, sans aucune transition; parfois, cependant, dans des sillons de la surface calcaire, on rencontre du sable sous une lame noire et dure qui doit être du schiste. Ces veines de sable (greensand) sont tellement aquifères et les matériaux qui les composent tellement mobiles que la force de l'eau les projette dans le forage et que la sonde tombe dans le vide, ce qui a fait croire aux foreurs à des vides réels à la surface de la pierre (forage Wibaux-Florin).

Toutes ces couches ont l'inclinaison, la pente et la direction générales que nous avons données pour l'argile d'Ypres; elles sont affectées très-probablement d'ondulations convergeant à Tournay, point de départ de la ligne générale de soulèvement; ces ondes s'élargissant à mesure de l'éloignement de cette ligne. Nous pensons que Roubaix se trouverait dans la troisième onde, à 12 kilomètres de la ligne de faîte et, par conséquent, en adoptant la pente de 5 mètres par kilomètre pour les formations stratifiées qui nous occupent, leur différence de niveau géologique est d'environ 60 mètres.

Cette description sommaire de la géologie de Roubaix, de laquelle nous avons eu soin d'évincer les détails et les expressions scientifiques étrangers à notre objet, étant donnée, nous allons

passer successivement en revue les moyens employés ou ima-
ginés pour donner à Roubaix l'eau qui lui fait défaut.

6. — Puits et citernes. — Nous avons vu que, grâce à la conformation géologique à laquelle la Flandre doit sa physionomie
toute particulière, le sol de notre territoire est susceptible de
faire place à une population assez considérable ; pour en donner
une idée écartons les inconvénients anti-hygiéniques qui nais-
sent de toute grande agglomération, supposons l'absence de machines et de toute industrie de lavage ou de teinture, admettons
une ville où le réseau d'égouts est parfaitement étanche, où les
puits sont bien construits, les citernes établies d'après des principes irréprochables, des jardins drainés ; voyons, dans ce cas,
quelle population pourraient contenir les 1,275 hectares du territoire de Roubaix :

Dans de semblables conditions 20 litres par jour et par habitant
suffiraient à tous les besoins ; or, grâce à la bonne installation
des citernes et au drainage des jardins, il serait permis d'utiliser une hauteur annuelle de pluies de 0.25, c'est-à-dire de
250 litres par mètre carré ; alors le chiffre P de la population
serait donné par le calcul suivant :

$$P = \frac{1275 \times 10.000 \times 250}{365 \times 20} = 220.000 \text{ habitants.}$$

Ainsi, dans ces conditions idéales de confort et de bonne installation, le territoire de Roubaix pourrait donner place à près
de 300,000 habitants, c'est-à-dire au même nombre que celui
auquel nous sommes arrivés plus haut par d'autres moyens.

Mais des causes fort variées s'opposent à ce qu'il soit tiré un
parti aussi utile des ressources naturelles offertes par les
phénomènes météorologiques ; fondât-on une ville nouvelle, la
construisît-on sur un plan sérieusement étudié pour l'aména-
gement parcimonieux de toutes les eaux, n'épargnât-on rien
pour sa construction et son entretien que jamais on ne par-
viendrait à réunir toutes les conditions nécessaires à la conservation des eaux dans un état parfait de salubrité. Que sera-ce,
alors, d'une ville agrandie sans ordre, sans réseau d'égouts,
éclairée au gaz, adonnée à une industrie donnant des quantités
considérables de résidus putrescibles ? Cette ville verra certainement sa couche aquifère s'infecter de plus en plus et c'est ce
qui arrive à Roubaix, comme en beaucoup d'autres villes.

Là, en effet, où se rassemblent les grandes agglomérations

humaines, s'amassent des substances diverses dont une grande
partie reste inutilisée à l'état de rebuts ou de déchets ; les résidus qui en résultent, soit qu'ils s'infiltrent dans le sol, et même
à travers les joints des pavés, où les eaux pluviales les entraînent
et les mettent en contact avec les sources souterraines, altèrent
profondément la nature des eaux dont on fait un usage journalier ; aussi l'analyse des eaux de pluies révèle-t-elle la présence, outre les matières minérales fixes que renferment généralement les eaux douces, de sulfates, d'azotates, de phosphates,
de substances organiques provenant des résidus liquides et
solides des ménages, de l'industrie, des fonctions animales et il
en résulte les phénomènes les plus graves de corruption dont
les causes sont tellement diverses que, malgré les soins d'une
administration vigilante, il est impossible de les faire disparaître
toutes. Nous en énumérerons quelques-unes.

1° Les matières rejetées sur la voie publique et provenant des
maisons ou du mouvement de la circulation. On se rappelle
quelle quantité prodigieuse il y en avait avant l'organisation
actuelle du service de l'ébouage. Littéralement les pavés en
étaient couverts ; cet état n'est pas étranger aux fièvres et aux
affections qui semblaient devenir périodiques à Roubaix et il
a fortement contribué à l'altération progressive des eaux de
puits constatée depuis un certain nombre d'années.

2° Les égouts, les fosses d'aisance, les puisards, les fosses à fu-
mier, tous les lieux où séjournent et circulent les ordures, lais-
sent, par leur construction vicieuse, passage aux infiltrations ;
les liquides qu'ils contiennent sont mis en contact avec les eaux
souterraines qui, alors, acquièrent une odeur putride, perdent
leurs qualités potables et deviennent éminemment malsaines.

3° Les conduites de gaz, dont les fuites imprègnent si fortement le sol, sont l'une des causes les plus générales et
les plus intenses de la fétidité des eaux. Le voisinage
des usines à gaz elles-mêmes n'est pas sans danger : leurs
eaux ammonicales et chargées de goudron se répandent fort
loin dans le sol, à tel point qu'à Strasbourg les puits sont devenus inutilisables dans un rayon de plus de 300 mètres.

4° Les déjections industrielles, si nombreuses et si variées à
Roubaix, si chargées de sels nuisibles et de matières organiques putrescibles, dont la décomposition est encore altérée par
la haute température des eaux qui servent à leur évacuation,
sont également une cause très-énergique de corruption.

5° M. Chevreul a signalé deux autres faits qui résultent de ses expériences. Le sol des villes est mal aéré, l'oxygène atmosphérique éprouvant les plus grandes difficultés pour y pénétrer. Or cet oxygène est indispensable à la salubrité des eaux souterraines, soit simplement pour les aérer, soit pour opérer la combustion des substances organiques qui ont pénétré dans le sol et qui, faute d'oxygène, produisent la réduction des sulfates avec le dégagement de l'hydrogène sulfuré qui en est la conséquence. Deux circonstances contribuent à empêcher la pénétration de l'air dans le sol : d'une part les surfaces bâties ou pavées, d'autre part le fer détaché des roues et des fers des chevaux, à cause de sa grande division, s'oxyderait avec une extrême facilité et arrêterait l'oxigène au passage ; de son côté le fer qui s'est sulfuré au sein de la terre et des eaux non-aérées, par suite de la décomposition des sulfates, aurait une grande tendance à absorber l'oxygène gazeux et à agir dans le même sens. Il s'en suit que l'eau acquiert des propriétés désagréables et qu'en s'altérant elle donne naissance à des produits fétides qui en rendent l'usage repoussant et dangereux. Le deuxième fait est l'absence de lumière solaire, cet agent exerçant une influence considérable sur la combustion des matières organiques.

6° Enfin l'eau des citernes s'infecte rapidement sous l'action de deux causes essentielles. La première provient du défaut d'aération : l'air fournirait, aux matières organiques entraînées, l'oxygène nécessaire pour les brûler, tandis qu'en son absence, elles l'empruntent aux sulfates, produisant les phénomènes connus d'infection qui résultent de la réduction des sulfates en sulfures. La seconde est déterminée par les matières déposées si abondamment sur les toits dans les villes industrielles et qui se trouvent entraînées dans les citernes.

Il est facile de comprendre combien toutes ces causes accumulées tendent à rendre les eaux corrompues et l'on entrevoit quelle progression devra suivre l'infection ; ce serait d'ailleurs une illusion de croire qu'avec des précautions on pourrait parvenir à arrêter les progrès d'un mal dû à une foule de circonstances qui ont produit un effet irrémédiable telles que la formation de cette couche noirâtre produite par les fuites de gaz qui a modifié entièrement le sol sous les voies publiques, et que les filtrations putrides que nos égouts si mal construits ont laissé pénétrer dans les terrains. Le mal est produit, le sol est saturé

de substances délétères et les eaux qui le traverseront ne pourront être que d'un usage extrêmement nuisible ; aussi les puits
doivent être considérés comme condamnés sans retour ; quant
à ceux qui ont échappé en partie à ces conséquences funestes et
dont l'eau peut encore être potable, ils ne tarderont pas à devenir de plus en plus malsains et l'usage devra en être abandonné
dans un prochain avenir. D'ailleurs la couche aquifère de Roubaix ne donne que des eaux très-dures, tenant une proportion
considérable de sels en dissolution, d'un degré hydrotimétrique
fort élevé ; peu propres déjà à la cuisson des légumes et au lavage du linge, ces eaux ne pourraient être que d'un médiocre
secours à l'industrie. Peut-être pourrait-on, à la rigueur, les
réunir pour servir à l'alimentation des machines, mais les procédés à employer seraient fort dispendieux, et nous pensons
qu'il est préférable de ne pas compter sur la ressource qu'elles
peuvent fournir ; nous verrons, d'ailleurs, quand nous traiterons de l'assainissement, quel parti on pourrait tirer de la couche de sable argileux étendue sur l'argile d'Ypres et dans laquelle sont creusés tous les puits de la localité ; l'homme doit
utiliser toutes les forces de la nature et notre sous-sol aquifère,
pour cesser de servir à sa destination naturelle, peut néanmoins
recevoir une fonction d'une utilité incontestable.

7. — **Forages**. — Lorsque l'usage des machines fut devenu
général à Roubaix, quand on vit que le canal resté inachevé ne
pouvait être que d'un secours restreint pour l'industrie, il fallut
se procurer de l'eau d'une façon quelconque. Depuis longtemps
on se servait de forages dans les parties de la vallée de la
Marque, où la couche crétacée est peu éloignée de la surface :
on essaya des forages.

L'argile d'Ypres percée, on rencontra les sables landéniens très-
mobiles, très-perméables et où l'on trouva de l'eau en abondance.
On put croire à une ressource inépuisable ; malheureusement les
sables verts qui se trouvent sous Roubaix ne paraissent avoir
qu'un affleurement peu étendu et à un niveau inférieur à celui
des parties les plus basses du territoire, car nous pensons
qu'ils dépassent peu l'étendue du triangle compris entre l'Escaut,
le canal de l'Espierre et le chemin de fer de Mouscron à Tournai ; les affleurements de Lannoy, Toufflers, Sailly, Willems
écoulant très probablement leurs eaux dans la direction de
Croix. Aussi le nombre des forages augmentant, la nappe all-

mentaire ne tarda pas à subir un abaissement progressif in-
quiétant.

Au-dessous des sables verts se trouvaient les couches argi-
leuses formant la base du système tertiaire ; quelques industriels résolurent de la percer ; la pensée était excellente mais
aléatoire, la craie pouvant être compacte ; mais tous réussirent
et ce succès permit encore la multiplication des forages.

Quelques-uns furent poussés à travers les dièves dans l'espoir
de rencontrer les grès verts à la base des terrains crétacés ; si
l'espérance s'était réalisée, Roubaix posséderait de l'eau pour
tous ses besoins d'avenir, quels que soient ces besoins ; mais,
comme il était facile de le prévoir, cette tentative avorta ; et
un seul industriel, M. Wibaux-Florin, ayant eu la chance de
tomber sur une déformation du calcaire carbonifère, rencontra
une eau abondante dans une poche desable protégée par une
dure cuirasse schisteuse ; mais c'était là l'effet d'un pur hasard
sur lequel il est sage de ne pas compter, le cas étant très-rare,
ainsi que nous avons pu le constater dans les environs de Tournay, où tous les puits sont creusés jusqu'à la pierre et où le fait
que nous signalons ne s'est peut-être pas produit une fois sur cent

Il est difficile de fonder une espérance sérieuse sur les forages
pratiqués à Roubaix dans la couche crétacée, car nous avons de
bonnes raisons pour admettre une hypothèse qui restreindrait
singulièrement l'étendue des affleurements de ceux des terrains
de craie qui passent sous Roubaix, en effet si, (ce que de nombreux forages repérés avec soin pourraient confirmer), les ondes
que nous avons signalées existent, la couche de craie que nous
dominons ne correspondrait qu'à des affleurements insignifiants,
à la légère bande qui, de Tournai, se dirige vers Leuze, au nord
de la ligne de soulèvement du calcaire et qui, encore, n'enver-
rait pas dans notre direction toutes les eaux qu'elle recueille.
Peut-être devrait-on y ajouter ce qui peut provenir par filtration des terrains supérieurs, dont l'imperméabilité n'est pas
partout complète, mais il n'en est pas moins certain que la
quantité d'eau passant sous Roubaix, dans les fissures du terrain crétacé, est peu considérable et que ce n'est que dans le
cas excessivement favorable d'une fente servant d'émissaire aux
fissures, comme le cas semble s'être présenté dans un forage
creusé derrière Notre Dame, que l'on peut espérer une eau
abondante

Plus bas, à la surface du calcaire de Tournay, nous avons vu que certaines circonstances particulières, fort rares, peuvent seules favoriser la réunion d'eaux abondantes mais qu'il serait imprudent de compter sur ces cas exceptionnels lorsque l'on creuse un forage ; aussi ne conseillerions-nous jamais de chercher à traverser les dièves à ceux qui font creuser des puits forés à Roubaix ; le prix élevé des sondages, arrivés à cette profondeur, rend trop coûteuse l'eau à élever pour courir une chance aussi aléatoire.

Il est donc impossible de compter sur les forages pour donner à Roubaix l'eau qui lui manque ; on l'a vu pendant les années qui ont précédé l'inauguration des eaux de la Lys ; le puisage exagéré auquel s'est livrée l'industrie a notablement abaissé le niveau de la nappe ; depuis il s'était relevé mais, maintenant que l'eau de la Lys devient insuffisante et que, de nouveau, on a recours aux sondages, la nappe reprend son mouvement descendant et le prix de l'eau qui est extraite dépasse celui de l'alimentation publique. Evidemment un tel état de choses ne pourrait se prolonger qu'au détriment de l'industrie, non qu'il serait à craindre que les nappes alimentaires s'épuisassent, au contraire un tirage forcé, dans la craie surtout, devant avoir pour résultat d'ouvrir de nouvelles veines ou d'agrandir les anciennes, mais il faudrait puiser à une assez grande profondeur et une alimentation dans ces conditions ne pourrait qu'être fort onéreuse.

On nous a cependant affirmé que, malgré des essais d'épuisement à outrance pratiqués dans le forage situé derrière Notre-Dame, jamais on n'avait pu en faire baisser le niveau ; le fait est très-possible dans les conditions actuelles : le tuyau est très-petit et ne peut donner passage qu'au piston d'une pompe peu puissante, de sorte que, s'il y a une large fissure, il serait tout naturel que l'eau n'eut pas baissé ; néanmoins le fait est intéressant et mériterait une expérience plus concluante ; il serait possible que la fente constituât, par sa grande section, une rivière souterraine recevant des eaux de plusieurs directions et alors, en effet, une quantité considérable d'eau pourrait en être extraite et envoyée de là, à peu de frais, dans un réservoir à construire au Fontenoy ; mais il ne faut pas se dissimuler qu'il y a beaucoup de chances pour qu'une telle hypothèse soit illusoire et pour que ceux qui ont fait l'expérience s'en soient exa-

géré la portée. Cependant nous croyons que la ville ferait très-
sagement de s'entendre avec le propriétaire pour agrandir le
forage et y installer une pompe puissante ; l'arrangement serait
d'autant plus facile que l'usine est vieille, insuffisante pour sa
destination et que, d'ailleurs, elle doit être prochainement ex-
propriée pour le prolongement de la rue Saint-Vincent-de-Paul.
Au moins l'expérience serait concluante et, puisqu'après tout le
fait est parfaitement possible, on serait tout à fait fixe sur
la puissance et sur le niveau piézométrique de ce cours
d'eau souterrain dont l'existence — sinon l'importance — est
d'autant plus probable qu'il paraît que la hauteur de l'eau est
invariable dans le tube, même quand les puits voisins accusent
un abaissement sensible. Quant à nous, nous nous proposions
toujours de demander cette expérience avant la mise à exécution
de toute entreprise nouvelle. Une expérience préliminaire serait
alors indispensable afin de ne pas se jeter dans d'assez grandes
dépenses inutilement ; elle se réduirait à rattacher exactement
entre eux les divers forages du quartier à l'état de repos puis
d'en faire fonctionner les pompes en leur donnant à peu près un
même débit, les différences de niveau prises alors, combinées
avec les hauteurs primitives et comparées entre elles, donneraient des indications suffisantes pour juger de la suite à donner
à ce cas exceptionnel. Cependant la réussite, quelque complète
qu'elle soit, ne pourrait jamais suppléer à une distribution
d'eau, mais elle pourrait lui fournir un appoint notable.

8. **Puits artésiens**. — Il y a lieu de croire que l'idée, quelquefois mise en avant, de creuser des puits artésiens à Roubaix, est
une utopie. Les forages qui donneraient de l'eau ne pourraient
être percés qu'à travers la pierre calcaire et avec de grandes
difficultés, vu la profondeur. Peut-être trouverait-on des eaux
abondantes, mais elles ne sauraient jaillir au-dessus du sol et il
est fort probable qu'elles s'arrêteraient vers la cote 20 au-dessus
du niveau de la mer, soit au niveau de l'eau du canal actuel. En
effet, c'est environ à cette hauteur que l'Escaut traverse les
terrains calcaires en amont de Tournay, et il serait difficile, si
ces terrains renfermaient quelques nappes jaillissantes dans
leurs profondeurs, que quelques unes des fissures si nombreuses
dans cette région, ne leur ait permis d'arriver au jour. Il est déjà
assez étonnant qu'à l'Hôpital-Militaire de Lille, c'est-à-dire à la
cote 18, l'eau ait pu jaillir à 0,60 de hauteur, donnant à ce ni-

veau. un débit de 2^{mc} 80 par jour, et, au niveau du sol, 57^{m}60 cube ; c'est peu et il est facile de comprendre qu'une grande distribution d'eau ne peut avoir une base aussi faible.

Toutefois nous aurions vu avec plaisir qu'une tentative fut faite à Roubaix pour prolonger jusqu'au sein du calcaire, l'un des nombreux forages de ce pays ; nous ne sommes pas dans les mêmes conditions qu'à Lille et il ne serait pas impossible d'y rencontrer une nappe plus puissante, non comme force hydrostatique mais comme abondance ; le fait, vérifié par un petit sondage, on eut pu alors creuser un puits assez large pour fournir un grand débit, car, même à la cote de 20, les conditions d'alimentation seraient excellentes, relativement à celles que nous possédons actuellement. N'oublions pas, d'ailleurs, que l'eau fournie par la pierre carbonifère n'est nullement calcaire et qu'elle dissout bien le savon ; légèrement alkaline elle se trouble dans le verre par suite du dégagement de petites bulles de gaz acide carbonique ; l'eau de l'Hôpital-Militaire, évaporée à sec, a laissé un résidu de un décigramme par litre, presqu'entièrement composé de bi-carbonate de soude et chlorure de sodium. L'eau de ce calcaire posséderait donc des qualités supérieures tant comme eau industrielle que comme eau potable et, à ce double point de vue, il serait à souhaiter que la ville s'entendît avec l'un des propriétaires de forages pour en tenter l'approfondissement en pénétrant de 40 à 50 mètres dans la formation carbonifère.

Si cette entente échouait devant des exigences inacceptables, la ville pourrait tenter elle-même un essai. La dépense d'un forage n'est pas tellement considérable, surtout en vue des besoins à desservir, qu'il faille reculer devant une trentaine de mille francs à consacrer à un essai. Nous recommanderions, pour cet essai, les environs de la ferme de Guermanez parceque, en cas de réussite, les eaux pourraient être élevées sur la hauteur des Trois-Baudets ou sur celle de Barbieux.

9. **Alimentation par rivières.** — Longtemps les grands cours d'eau ont été considérés comme les alimentateurs naturels des villes; euxseuls semblaient devoir offrir des ressources inépuisables pourles grandes agglomérations et beaucoup de villes y ont puisé largement, espérant y trouver la satisfaction de tous leurs besoins. Paris. Londres, et beaucoup d'autres villes à leur suite, en ont fait la base de leur alimentation, mais les inconvénients

n'ont pas tardé à se produire et il a bien fallu comprendre que la solution n'était point là.

C'est qu'en effet la formation même des grandes villes a profondément modifié la nature des eaux de rivières en altérant leur pureté primitive et le fait est facile à comprendre : il fut un temps, peu éloigné de nous, où l'agriculture était la seule grande richesse du pays ; la manufacture, peu développée, peu susceptible d'extension, s'exerçait, comme son nom l'indique, par la main de l'homme, n'ayant que de faibles moyens d'action et des débouchés fort restreints ; presque nulle, peu lucrative, elle n'attirait pas des bras qui lui eussent été à charge et les villes restaient à peu près stationnaires, n'exerçant aucune attraction sur les habitants des campagnes. Aussi les eaux des rivières étaient-elles à peine contaminées par les plus grosses villes d'alors, qui ne nous paraissent que des bourgs lorsque nous les comparons à nos villes modernes.

Mais la machine parut et bientôt elle intervint activement dans toutes les fonctions de l'industrie humaine ; en peu d'années, grâce à cette intervention puissante, des mines nombreuses se creusèrent qui vinrent offrir à la production les combustibles et les minerais dont la vapeur s'empara pour transformer le monde faisant ainsi coïncider, par un accord naturel, la Révolution économique avec la Révolution philosophique et la Révolution sociale qui modifiaient l'ancien ordre des choses. Alors naquirent des moyens de transport nouveaux et l'industrie actuelle s'éleva comme par enchantement, sous le double souffle de l'activité scientifique et de la liberté du travail. De ce mouvement que ce siècle a vu naître, presque, se forma la richesse mobilière qui n'existait qu'à peine auparavant ; dès lors la production dût se mettre en rapport avec la consommation des pays ouverts par la navigation à vapeur et par les chemins de fer ; elle devint énorme, les marchés s'agrandissant sans cesse et les habitants des campagnes, attirés par l'augmentation des salaires, affluèrent vers les villes où se produisait le développement de l'industrie avec une intensité extraordinaire, formant ainsi ces immenses agglomérations qui constituent le phénomène le plus remarquable et le plus intéressant de notre époque. Mais, ici, apparaît un danger : la réunion de tant d'individus, la prodigieuse quantité de résidus et d'ordures qui en résultent et qui finissent toujours par être jetés dans les rivières, changent les conditions d'être de celles-ci ; il y a plus : les usines recherchent toujours de préférence les cours d'eau, soit qu'elles trouvent dans l'eau un agent de réfrigération, de lavage ou de dissolution, soit qu'elles y rencontrent un moteur économique ; dans tous les cas elles y acquièrent un exutoire commode pour leurs résidus et leurs eaux sales, augmentant ainsi, dans une grande proportion, l'infection causée par les eaux vannes des égouts qui s'y déversent.

Sous cette double influence les rivières des pays industriels en sont arrivées au point de charrier des eaux nauséabondes, non-seulement impropres aux usages de la vie et aux besoins des manufactures, mais qui constituent un grave danger pour l'hygiène publique. Les souillures des cours d'eau du Nord sont devenues un lieu commun ; sous le rapport de l'impureté des eaux, la Basse-Deule, la Lys, la Basse-Marque, l'Espierre, peuvent rivaliser avec la Bièvre à Paris, l'Erdre à Nantes, l'Aubette à Rouen, la Vesle à Rheims, l'Ill à Mulhouse et avec la plupart des rivières anglaises ; c'est le résultat de l'industrie, il est fatal et le remède ne peut être apporté que par une série de mesures d'ensemble dont l'étude s'impose dès maintenant aux municipalités soucieuses de la salubrité des villes industrielles qu'elles ont à gérer ; nous nous en occuperons, quant à l'Espierre, lorsque nous traiterons la question d'assainissement, pour le moment nous en tirerons cette conséquence qu'à aucun prix les villes ne doivent consentir à s'approvisionner directement à ces cours d'eau.

Pourtant Roubaix n'a jamais cherché d'autre alimentation ; la Lys et l'Escaut tels ont été ses objectifs, telles sont les sources impures pour lesquelles les discussions les plus violentes se sont élevées ; l'Escaut, cependant, reçoit les déjections de Tournay et la Lys celles plus importantes de Lille et d'Armentières ; cette raison seule eût dû en faire abandonner l'idée, mais il n'en a rien été et les têtes se sont échauffées, les brochures ont répondu aux brochures sans qu'aucun des combattants, ni parmi les administrateurs, ni parmi les conseillers, ni parmi les ingénieurs, ait eu la pensée de s'inquiéter de la question au point de vue de la salubrité ; brochures, délibérations, rapports, études n'entrevoyaient qu'un but, un seul : l'intérêt de l'industrie sans se préoccuper de l'intérêt toujours supérieur de la vie humaine.

Il était cependant élémentaire de s'entourer de tous les renseignements possibles avant d'entreprendre une telle œuvre ; les commerçants de Roubaix ont des rapports constants avec l'Angleterre : ils auraient pu y étudier la guerre faite alors par les comités de salubrité, et surtout par le *general Board of Health* (Conseil général de salubrité), aux eaux impures des rivières ; ils vont fréquemmen' à Paris : ils auraient pu y prendre connaissance du rapport du Conseil d'hygiène et de salubrité de la Seine, du 21 juin 1861, dans lequel on signale « que le système général des eaux de Paris est éminemment défectueux » et qui a été le point de départ des recherches qui ont amené la dérivation de la Dhuys et de la Vanne. Alors, au lieu d'hésiter entre la Lys et l'Escaut, ils les eussent rejetés tous deux pour se livrer à la recherche d'eaux plus salubres.

Rien, en effet, de dangereux comme les eaux que les déjections d'égout ont contaminées ; le filtrage, les traitements chimiques peuvent leur rendre la limpidité, elles n'en resteront pas moins malsaines ; écoutons les Anglais : « On n'a découvert au- « cun moyen artificiel efficace pour rendre potable ou pour ap- « proprier aux usages culinaires l'eau qui a été une fois souillée « par les liquides d'égout. Les procédés connus, mécaniques ou « chimiques, ne peuvent produire qu'une désinfection partielle : « une telle eau est toujours susceptible d'entrer de nouveau en « putréfaction. L'eau qui, à l'œil, paraît le mieux purifiée, par « filtration ou autrement, peut, sous certaines conditions, en- « gendrer des épidémies graves au sein des populations qui en « font usage. » *(Report from the select committee ou sewage metropolis, 1864.)*

Cette raison suffit pour qu'*a priori* nous rejetions de parti-pris toute alimentation d'eau qui aurait une rivière pour objectif, même quand, contre toute probabilité, on en trouverait une vierge encore de toute déjection urbaine ; à moins que, dans une condition exceptionnelle, on puisse s'en assurer l'immutabilité de jouissance ; l'industrie n'est qu'à son point de départ, elle doit augmenter encore dans de très-grandes proportions et l'on doit regarder, comme inévitable dans l'avenir, la souillure plus ou moins complète des eaux superficielles. Néanmoins, comme certaines personnes, soit par ignorance, soit par intérêt personnel, s'efforcent encore de faire alimenter la ville par les eaux de rivières, il n'est pas inutile d'examiner chacun des systèmes qui ont pu être proposés autrefois et maintenant.

10. Par la Lys. — Parmi les eaux qui nous entourent, ce sont les eaux de la Lys, seules, qui ont obtenu droit de cité; leurs mérites et qualités ont été chantés sur tous les tons dans des documents officiels et officieux qui resteront, pour la plus grande instruction du public, comme des modèles de coups de pieds donnés au bon sens, à la saine raison et aux intérêts bien entendus de la ville.

L'idée de cette alimentation a soulevé les plus vives polémiques pendant les années 1857 et 1858; le projet, vigoureusement soutenu par l'administration municipale, dont le chef était M. Ernoult-Bayart, fut ardemment combattu par M. Motte-Bossut, promoteur d'une alimentation par l'Escaut; malheureusement le contradicteur était mal choisi, non que ses vives critiques ne fussent justes et habiles, mais son projet par l'Escaut n'était pas plus heureux que celui de l'administration, et chacun vit, d'ailleurs, avec raison, l'intérêt personnel être le seul mobile de l'attaque; aussi l'administration finit-elle par triompher, et, dans sa séance du 26 novembre 1858, le Conseil donna son avis favorable.

Chacun se rappelle cette fameuse séance, présidée par un maire ne faisant pas partie du conseil municipal et, par conséquent, imposé par l'empire. Le conseil était partagé en deux parties à peu près égales, l'opposition comptait une voix de plus et le projet était sérieusement menacé quand, par un stratagème curieux, on escamota l'un des opposants; grâce à ce tour de gobelet les voix pour et contre furent en quantité égale et la voix prépondérante de M. le maire fit pencher la balance vers la Lys. Ce curieux épisode donne la mesure exacte des libertés municipales dont le pays jouissait sous le régime des plébiscites.

Le décret d'utilité publique ne fut rendu que le 23 mai 1860 et la distribution ne fut inaugurée que le 15 août 1863.

La fête solennelle d'inauguration fut signalée par un incident qui fit juger immédiatement la valeur de l'œuvre : après la bénédiction, M. le maire Ernoult-Bayard fit une allocution pompeuse ; il avait à peine prononcé ces paroles : « En présence de » cette fontaine d'où jaillit pour la première fois l'eau bienfaisante... » qu'un employé, tournant le robinet, fit jaillir un jet d'eau noirâtre et nauséabonde, instinctivement tout le monde se boucha le nez : la critique était aussi complète qu'irréfutable !

On reste, en effet, confondu lorsqu'on voit qu'au mépris de la majorité des conseillers élus par leurs concitoyens, la ville de Roubaix se vit engagée dans une affaire déplorable, dans la réalisation d'un projet mesquin, illogique, conçu en dehors des lois de l'éternel bon sens et qui ne fait pas plus d'honneur à l'ingénieur qui l'a étudié, qu'aux administrateurs qui l'ont chaudement appuyé, qu'aux conseillers municipaux qui l'ont consacré par leur vote. Y avait-il une excuse, au moins, ignorait-on que l'eau de la Lys ne pouvait que contribuer à rendre plus mauvaise encore l'hygiène déjà très-médiocre de la ville ? Pas du tout ! Ainsi M. Girardin, chimiste chargé de l'analyse des eaux pour la présentation du projet, dit dans son rapport : « Tout l'oxygène de l'air de la Lys est absorbé par les matières « en fermentation qui proviennent du lin, et l'eau devient alors « peu propre, par ce seul fait, à entretenir la vie des poissons. » Or, qui ne sait que l'eau dépourvue d'oxygène est éminemment putrescible et constitue, par cela même, le danger le plus sérieux qui puisse menacer la salubrité ? Est-ce tout ? Précisément à l'époque où l'on préparait ce projet, le Conseil communal de Gand disait dans une de ses délibérations : « Par le « rouissage, l'eau de la Lys, durant plusieurs mois, est vérita« ment empoisonnée, et non-seulement le poisson y périt, mais « personne ne pourrait en boire sans s'exposer à de graves « dangers. » Et cette allégation était tellement bien fondée que, dans les filatures de Gand, alors toutes alimentées par la Lys, le travail du filage se trouvait arrêté à cause des odeurs que les bacs à tremper exhalaient dans les ateliers, à tel point que l'on en vint à détourner la Lys tout entière pour la jeter dans la mer du Nord.

Un autre sérieux avertissement fut alors donné par un homme éminent, M. Hervé-Mangon, lequel, dans son rapport du 4 octobre 1850, dit ceci : « L'eau de la Lys, quoique moins chargée « de matières organiques qu'un autre échantillon précédemment « examiné, est cependant encore tellement riche en principes « insalubres, son odeur est tellement désagréable, et sa couleur « si prononcée qu'il est impossible de penser à l'employer dans « une distribution publique ou privée. »

Qu'après un tel langage et de telles autorités on ait persisté dans la réalisation du projet, voilà qui est étrange; il fallut pour cela, la persévérance de M. Ernoult, la complaisance de M. le préfet Vallon et l'opposition intempestive et intéressée de M. Motte pour y arriver.

Ce n'est pas que l'eau corrompue par le rouissage des lins soit bien dangereuse lorsqu'elle coule à l'air libre; elle ne met alors en danger ni la vie des hommes ni celle des animaux; elle est seulement très-désagréable; on est même allé jusqu'à prétendre que les eaux de rouissage paraissent avoir un caractère anti-putride, mais il y a là une exagération. Ce qu'il y a de certain c'est qu'elle est contraire à la vie animale puisque les poissons y périssent par suite de la désoxygénation de l'air qu'elle contient. Aussi interdit-on le rouissage dans la Lys à diverses époques, notamment en 1627, 1702, 1713, 1725, 1732, 1756, dans un but exclusif de protection de la pêche. En 1792 l'Académie des sciences, appelée à donner son avis, procéda à une enquête et les hommes compétents chargés de ce travail, déclarèrent que le rouissage à l'eau courante, malgré la fétidité de son odeur, ne présente aucun danger. Un décret de 1815 rangea le rouissage dans la première catégorie des établissements insalubres, autorisant les préfets à le supprimer : le préfet du Nord en fit l'application, le 1er août 1825, aux canaux et rivières du département. Depuis, ce règlement est tombé en désuétude, la nécessité industrielle ayant dominé les autres considérations, sans que, d'ailleurs, les populations riveraines, peu agglomérées, s'en soient plaint bien vivement.

Mais, depuis quelques années, l'extension de l'industrie, dans le Nord, a profondément aggravé l'état de la Lys; cette rivière, corrompue par le seul rouissage, ne ferait guère courir de réel danger qu'aux poissons et resterait seulement impropre à l'alimentation des hommes et à celle des animaux; mais il n'en est pas ainsi car, indépendamment des produits du rouissage, ses eaux reçoivent, en très-grandes quantités, des matières organiques riches en sulfates sur lesquels ces produits peuvent réagir pour libérer l'hydrogène sulfuré; qu'on ajoute à ces matières provenant des résidus de distilleries et de raffineries de la vallée de la Deûle, en majeure partie, les déjections industrielles et domestiques fournies par les villes de Lille et d'Armentières et l'on comprendra les craintes du gouvernement belge et son instance auprès du gouvernement français pour arriver à l'amélioration de la Lys. Mais, quoiqu'on fasse, avec la progression de l'industrie dans le Nord et la croissance de Lille et d'Armentières, qui en est la conséquence, l'eau de la Lys est condamnée à tout jamais comme eau d'alimentation, aussi nous élèverions nous énergiquement contre une extension de l'alimentation actuelle même quand, selon l'avis de M. le maire Descat, on prendrait les eaux en amont de la Deûle, au Pont-Rouge, au moyen d'un aqueduc fort coûteux de 12 kilomètres de longueur; car il ne faut pas oublier que les causes d'infection, pour être diminuées n'en subsisteraient pas moins, à cause de la présence de la ville d'Armentières, dont la population et l'industrie augmenteront toujours d'importance. Nous ne pensons d'ailleurs pas qu'aucun homme sérieux et compétent puisse se faire le promoteur d'un tel projet; nous croyons au contraire que tous ceux qui prennent à cœur les intérêts roubaisiens, regrettant ce qui s'est décidé en 1858, refuseront péremptoirement toute idée qui n'aboutirait, en définitive, qu'à étendre le mal actuel.

Le prix de revient des eaux de la Lys est très-élevé, eu égard, surtout à leur mauvaise qualité; c'est ainsi que de 1 à 50 mètres elle coûte 0,14 et qu'au-delà de 50 mètres par jour, on la paie 0,07. Ces prix devraient être augmentés d'une quantité notable si l'on construisait l'aqueduc du Pont-Rouge.

IIe **Par l'Escaut.** — Le projet d'alimenter la ville de Roubaix au moyen des eaux de l'Escaut a eu M. Motte-Bossut pour unique et infatigable promoteur ; sa double qualité d'industriel riverain du canal et, paraît-il d'actionnaire du canal de l'Espierre l'y intéressait très-vivement, on le comprend, et c'est précisément parce qu'on a senti que l'intérêt personnel dominait dans la lutte opiniâtre, entreprise par ce conseiller municipal contre l'eau de la Lys, que celle-ci l'emporta. Un autre champion eut certainement fait pencher la balance en faveur de l'Escaut et ce fait prouve une fois de plus combien il est dangereux, pour l'intérêt général, d'avoir pour avocat les intérêts particuliers; dans l'intérêt de la cause qu'il défendait M. Motte aurait dû le comprendre et s'effacer, mais il est des personnalités remuantes auxquelles le besoin de paraître fait oublier les précautions qu'impose la plus vulgaire prudence.

L'alimentation par l'Escaut est certainement plus logique que le projet d'alimentation par la Lys, surtout si l'on y comprend la fourniture de l'eau nécessaire au canal. C'est d'ailleurs ainsi que, depuis quarante ans, s'alimentent l'ancien canal et les usines qui le bordent et l'eau ainsi obtenue ne revient pas à un centime.

Battu en 1858, le projet d'alimentation par l'Escaut revint sur le tapis en 1872 ; il s'agissait d'alimenter le canal de Roubaix. Les ingénieurs de l'Etat avaient projeté d'établir leur prise d'eau dans la rigole de desséchement des marais de la Deûle, à Saint-André ; l'idée n'était pas heureuse, car, outre que le débit de ce cette rigole est insuffisant pendant les mois de sécheresse, rien ne garantit sa pureté dans l'avenir ; déjà des routoirs sont établis sur cette rigole et il est certain que l'industrie ne s'en tiendra pas là. Quant à la permanence des sources qui l'alimentent il n'y faut guère compter : qui ne prévoit que, lorsque la ville de Lille aura conduit son aqueduc de captation jusqu'à Béni-Fontaine, les sources seront absorbées par ce travail ? Alors il est certain que la rigole de desséchement sera absolument à sec pendant quatre ou cinq mois de l'année et verra son débit notablement diminué pendant les autres mois ; il faudra donc recourir à l'eau de la Deûle, mais là on se trouvera en présence d'une double difficulté : amener une eau infecte si la prise est en aval de Lille, ou soulever les vives réclamations de de cette ville si l'eau est prise en amont.

Cette fois, la prudence, inspirée par la défaite de 1858, fit présenter le projet par M. Coudert, ingénieur du canal de l'Espierre ; il consistait dans le transport, de bief en bief, de 15,000 mètres cubes d'eau pour le canal et de 5,000 mètres pour les usines ; le prix de revient était de 0,021 au bief de partage, c'est-à-dire à gauche de la rue de Tourcoing ; c'était là un prix fort modéré, aussi acceptable par l'Etat que par l'industrie, néanmoins le projet fut repoussé ; le fait est regrettable car cette combinaison permettait de fournir de l'eau aux usines longeant le canal à des conditions de prix que l'on chercherait vainement ailleurs.

Le projet semblait dès lors définitivement battu, mais les intérêts individuels sont persévérants, ce qui est très-heureux tant qu'ils ne sont pas en position de dominer l'intérêt général

Au sein de la Commission des eaux, dont il faisait partie comme conseiller, M. Motte-Bossut combattait tout projet qui n'était pas le sien, surtout le projet d'alimentation en eaux potables trouvées par le directeur des travaux et que l'administration municipale d'alors soutenait parce qu'elle y voyait une condition essentielle du bien-être des habitants quand, par la grâce de M. de Broglie, février vit nommer M. Motte adjoint de Roubaix et défenseur officiel de l'ordre moral. Là, une occasion unique se présentait : d'un seul coup on pouvait châtier un ennemi du dit ordre moral et le promoteur des eaux potables ; quelle bonne fortune ! S'il n'y avait eu que la passion politique, on eût bien patienté jusqu'à de nouvelles élections municipales, mais l'intérêt personnel pressait, il fallait se hâter : le directeur des travaux municipaux fut révoqué ; nous défions qui que ce soit de donner une autre raison sérieuse. Dès lors l'adjoint, l'administrateur de la Compagnie de l'Espierre, le grand industriel riverain du canal, restait seul sur la brèche et allait pouvoir contracter comme adjoint, céder de l'eau comme administrateur et en consommer en tant qu'industriel. L'effet ne s'en fit pas attendre, le 24 avril, le directeur des travaux par intérim présentait un projet inspiré par M. l'adjoint-administrateur-industriel.

Dans ce projet, le canal sert de véhicule à l'eau jusqu'au Galon d'Eau ; là, deux machines de refoulement projettent les eaux dans un réservoir à construire à la Basse-Masure, à un endroit que nous avions indiqué, pour se répartir entre les grandes usines du voisinage, au moyen d'une canalisation spéciale. Le bénéfice de la Compagnie de l'Espierre se réduirait à la garantie du niveau des biefs de son canal, contre les chances de pertes par filtration ou évaporation et contre celles d'une alimentation insuffisante par le nouveau canal, la navigation de transit devant seule amener de l'eau dans les biefs inférieurs. Quant aux industriels riverains du canal, leur avantage est plus sensible ; le projet consacre, en effet, le principe des prix différentiels, l'eau devant être payée un peu plus de 1 centime (0.01125) par les riverains du canal, et un peu plus de 6 centimes (0.06125) par les autres industriels. Cette inégalité, qui serait toute naturelle s'il s'agissait d'une entreprise privée, est choquante de la part de la Ville qui ne peut, de son fait, placer les industriels dans des situations concurrentielles différentes.

Dans ces conditions, le projet perd tout caractère municipal et ne saurait être accepté, la seule différence admissible consistant en ce que, pour les uns, l'eau pompée dans le canal ne possède aucune pression, tandis que, pour les autres, l'eau distribuée par les conduites est chargée suivant des quantités variables selon la distance au réservoir et la différence du niveau.

La reprise du projet Coudert, comme eaux d'alimentation industrielle, serait infiniment préférable à la condition que le puisage soit autorisé sur tous les points du canal ; on pourrait même établir, jusqu'au Blanc-Seau, des prises d'eau se déversant dans des aqueducs spéciaux à biefs horizontaux, séparés par des déversoirs établis sous les voies publiques et permettant à la plus grande partie des usines de puiser librement une eau peu coûteuse ; l'inégalité existerait bien encore, mais, au moins, elle perdrait de son caractère exceptionnel et l'industrie locale recevrait un nouvel élément de vie. La difficulté serait d'amener les ponts-et-chaussées à accepter une semblable combinaison ; il ne faut pas se dissimuler qu'elle est presque insurmontable.

L'objection présentée contre les eaux de rivière subsiste toujours néanmoins, et, à ce titre, il serait peu désirable de voir créer une alimentation par l'Escaut dont les eaux sont notablement chargées de matières organiques ; l'intérêt de l'industrie est certes fort respectable mais celui de l'hygiène est supérieur et ne saurait être abandonné ; c'est d'ailleurs une des raisons qui nous feraient préférer la distribution par aqueducs à gravitation, où l'air peut circuler, au système des conduites à pression dans lesquelles la combustion des matières ne peut s'opérer faute d'air.

Mais deux autres questions ont été posées :

N'y a-t-il pas inconvénient à placer nos prises d'eau en pays étranger où, en cas de guerre, elles pourront être détruites ou momentanément interceptées ?

Le Gouvernement belge consentira-t-il à laisser prendre de l'eau ?

Les partisans du projet ont, cela va sans dire, en 1858, en 1872 et en 1874, répondu avec assurance à ces questions.

A la première ils ont objecté avec raison que la prise d'eau de la Lys à Bousbecques, est dans les mêmes conditions puisqu'il suffirait de quelques coups de canon pour détruire l'éta-

blissement , l'argument a donc une valeur relative en tant
qu'opposé à la distribution d'eau de la Lys, mais sa valeur absolue est tout à fait nulle et il est bien évident qu'il pourrait
arriver certaines complications interrompant le service de la
distribution sans que les besoins de celle-ci diminuassent. Il
est bien vrai qu'en cas de guerre avec la Belgique, l'industrie
roubaisienne serait arrêtée mais, s'il n'y avait pas invasion de
notre territoire sur ce point-ci, la fabrication des objets de
guerre pourrait y prendre une grande extension, quand ce ne
serait que pour donner de l'ouvrage à la population ouvrière,
et alors l'eau serait indispensable.

La seconde question a été traitée plus superficiellement encore; on n'a pas voulu mettre en doute le bon vouloir du gouvernement belge et les auteurs des projets pensent, avec leur
inspirateur, que ce gouvernement est trop intéressé au développement de Roubaix pour refuser une autorisation au moins
précaire; c'est là peu connaître la question, telle au moins que
l'envisagent les ingénieurs belges : on sait, en effet, que l'infection des eaux de la Lys, employées aux usages industriels de la
ville de Gand, est devenue tellement intense que l'on dut la détourner au moyen de travaux coûteux et préjudiciables à la
navigation : on établit à Deynce, en amont de Gand, un barrage
à écluse au moyen duquel, pendant cinq mois de l'année, on
rejette les eaux de la Lys dans la mer du Nord, au moyen du
canal de Schipdonck à Heyst : on a même complété le travail
d'assainissement par la construction d'un syphon sous le canal
de Gand à Bruges, cette dernière ville n'étant pas suffisamment
protégée. « Pendant les quatre ou cinq mois d'été, dit M. l'ingé-
» nieur Colson, lorsque la corruption des eaux est forte, le bar-
» rage reste fermé et les eaux corrompues sont conduites direc-
» tement vers la mer du Nord par le nouveau canal. Elles sont
» donc perdues pour l'industrie de Gand et pour l'alimentation
» de nos voies navigables. Les eaux de l'Escaut seules doivent
» alors desservir les nombreux intérêts engagés dans la ques-
» tion ; aussi sont-elles insuffisantes pour cet objet, et l'alimen-
» tation de nos canaux se fait-elle d'une manière fort incom-
» plete, au point que la navigation est souvent compromise, sur-
» tout pendant les mois d'août et de septembre. »

D'un autre côté l'envasement progressif du bas Escaut par
suite des endiguements des plaines submersibles à marée haute

et du détournement de la Lys, fait que le gouvernement belge se préoccupe vivement de l'avenir de la navigation maritime de l'Escaut; une commission fut nommée par arrêté du 15 mai 1873 et, entre autres remèdes au mal, le rapport des ingénieurs demande que l'on fasse affluer dans le bas-Escaut toutes les eaux du haut-Escaut.

Ces raisons, on le comprend, sont tellement sérieuses, l'intérêt belge est si fortement engagé, qu'il reste évident que l'autorisation serait refusée ou pourrait, ce qui serait plus grave, être retirée au bout de quelques années.

12. — **Par la Marque.** — Quand on considère que le lit de la Marque coule à environ 10 mètres au-dessus des lits de l'Escaut et de la Lys; que son cours est beaucoup plus rapproché de Roubaix que celui des deux autres rivières ; enfin que son bassin alimentateur mesure une superficie d'environ 220 kilomètres carrés, on est surpris que les esprits n'aient pas vu que là était le véritable lieu d'approvisionnement de notre ville. Le hasard a cependant failli nous doter d'une alimentation assez abondante ; c'est lors du premier projet de construction du canal.

L'adjudication, approuvée par l'ordonnance royale du 30 novembre 1825, portait, en effet, que le canal comprendrait : 1° la canalisation de la Marque depuis la Basse-Deûle, à Marquette, jusqu'au pont à Tressin, sur la route de Lille à Tournai; 2° l'ouverture, à travers champs, d'un embranchement depuis la Marque, à Croix, jusqu'à l'extrémité de Roubaix, au pont du Galon-d'Eau. L'exécution de ce projet nous aurait doté d'une véritable rivière ; malheureusement la non-réussite du souterrain le fit abandonner et le canal fut relié à l'Escaut qui l'alimenta.

Vers 1847, M. Boutemy, alors maire de Willems, ayant conscience du tort considérable causé aux communes de Hem, Forest, Annapes, Sailly, Willems, Baisieux, Chéreng, Tressin et Ascq, par la stagnation des eaux dans la vallée de la Marque; proposait d'acheter en commun le moulin de l'Empempont dont la destruction permettrait l'assainissement de la vallée. L'acceptation de cette proposition eut amené une augmentation notable du débit de la Marque, de sorte qu'en 1857, lorsqu'on discutait la question des eaux, on n'aurait pas manqué de jeter les yeux sur cette rivière.

Une troisième circonstance aurait pu augmenter considérablement le débit de la Marque ; mais postérieurement à la création de l'alimentation par la Lys. Dans sa session de 1861, le Conseil général du Nord prit en considération le vœu du Conseil d'arrondissement de Lille, tendant à ce qu'il soit formé une commission syndicale pour le curage de la Marque. A la session de 1866, l'Ingénieur en chef du département constatait, dans son rapport sur le service hydraulique, que le projet était soumis aux formalités d'enquête et le Conseil d'arrondissement insistait sur son vœu. A la session de 1867, le rapport de M. l'Ingénieur en chef Lemaitre, exposait que la vallée de la Marque possède une superficie de 22,186 hectares ; que le projet de règlement, voulu par la loi du 21 juin 1865, a été mis à l'enquête, conformément à l'arrêté préfectoral du 26 septembre 1866 ; il constatait que le dossier n'était pas encore revenu et que les adhésions avaient été rares ; il en déduisait qu'il serait impossible de réunir les intéressés par application de la loi du 21 juin 1865 sur les associations territoriales. Ensuite de ce rapport, le Préfet pensait qu'il n'y avait pas lieu de provoquer la formation de syndicats d'office par décrets ; le Conseil d'arrondissement exprima le regret que le travail d'amélioration de la Marque, qui devait coûter 100,000 fr., ne pouvait être exécuté, et voilà comment, par suite de quelque influence qu'on n'entrevoit guère, un projet qui devait assainir près de 2,000 hectares de terrains saturés d'eau et livrer à la culture près de 1,000 hectares de marécages improductifs, se trouve abandonné.

Nous allons essayer de nous rendre compte du débit qu'eut acquis la Marque par suite de l'assainissement des deux groupes de marais dont Forest et Louvil sont les centres.

1° **Méthode générale.** — Dalton a établi qu'en Angleterre les fleuves n'écoulent que 36 °/° des eaux tombées. Dans le bassin de la Seine, Daussse a trouvé 33,4 °/°. Dans les bassins où existent des montagnes, la proportion est plus forte ; ainsi on a trouvé : 57.5 °/° pour la Saône, 61.5 °/° pour le Rhône ; 74.3 °/° pour le Pô, 92.7 °/° pour la Garonne. Plus le pays est montagneux, plus les fontes de neige y sont considérables, plus la proportion s'élève. On admet qu'en moyenne les fleuves écoulent les 3.7° des pluies, soit 43 °/° ; nous préférons adopter, pour la Marque, le chiffre le plus faible, celui du bassin de la Seine, les deux rivières, toutes proportions gardées, se trouvant à peu près dans des conditions semblables.

La hauteur moyenne des pluies annuelles, dans le bassin de la Marque, étant de 0.70 et la superficie 22.186 hectares, la masse des eaux qui y tombent est égale à 155.302.000 mètres cubes; soit, par jour moyen, 425.485 mètres cubes, ce qui donnerait, à raison de 33,4 % , un débit journalier moyen de 141.823 mètres cubes.

D'après les observations de M. l'ingénieur Lamarle, la Marque débiterait actuellement : en basses eaux, 8.800 mètres cubes ; en hautes eaux ordinaires, 3 mètres par seconde, ou 259.200 mètres cubes par jour ; enfin, en hautes eaux extraordinaires, jusqu'à 12 mètres par seconde, ou 1.036.800 mètres cubes par jour. Cette variation anormale de 1 à 120 décèle des conditions extraordinaires qu'il est intéressant d'étudier. M. Lamarle donne, pour le débit moyen, 40.000 mètres cubes ; ce ne serait que 9.4 % du volume des eaux des pluies.

Nous connaissons une petite rivière, l'Ardusson, affluent de la Seine, qui, pour l'importance, pour la nature des terrains traversés, a la plus grande ressemblance avec la Marque; la seule différence consiste dans les deux groupes de marais que possède la rivière flamande et que n'a pas le cours d'eau champenois ; eh bien, une dissemblance profonde existe entre le régime des deux petites rivières, car, tandis que nous avons vu celle-là subir des variations considérables, celle-ci possède un régime étonnamment régulier, puisque, d'après M. l'ingénieur Doré, son niveau ne varie que de 0,20 dans les plus fortes crues. Il semble dès lors probable que la différence d'effet est due à la différence des causes et il paraît assez rationnel d'admettre que le desséchement des marais amènerait la régularisation du régime de la Marque, en lui restituant sa perte moyenne journalière de 100,000 mètres cubes. Une simple réflexion donnera en effet la raison d'une double perturbation causée par les marais : en temps d'orage les crues sont rapides, constate M. Lamarle; cela se comprend, puisque les eaux tombant sur la vaste étendue des marais trouvent un écoulement immédiat; en temps de sécheresse, au contraire, le débit est presque annulé et cela se conçoit quand on considère que l'évaporation, exercée tant directement que par la végétation spéciale aux marais, doit absorber une quantité considérable d'eau; de là cette variation de 1 à 1 20 dont il est parlé plus haut.

Pour n'être pas taxé d'exagération nous supposerons que la proportion d'eau écoulée n'est que de 25 % au lieu de 33.4, et nous nous baserons sur ce minimum ; cette concession est basée sur les considérations suivantes : les terrains composant la vallée de la Marque forme des plateaux ayant des pentes très-faibles vers le thalweg, d'autre part la perméabilité exceptionnelle des terrains de craie, qui s'y trouvent pour la plus grande partie, permet la rapide absorption des eaux lors de leur chute ; ces raisons expliquent ce fait remarquable que les plaines qui nous intéressent sont dépourvues de ruisseaux et même, souvent, de fossés destinés à écouler les eaux vers les rivières. Cette proportion réduite donnerait encore un débit moyen journalier de 106,371 mètres cubes, soit une restitution de 60,000 mètres cubes par le desséchement des marais.

2° Méthode particulière. — Nous allons chercher directement les pertes d'eau éprouvées par l'état marécageux des deux parties de la vallée de la Marque. Les données du problème doivent être celles-ci : Quelle est la quantité d'eau évaporée par les eaux stagnantes ? Quelle est celle qu'évaporent les plantes marécageuses ? Enfin quelle évaporation donneraient les mêmes terrains s'ils recevaient une culture ordinaire ?

Il est admis que les eaux superficielles sont affectées d'une évaporation annuelle que toutes les expériences fixent à une hauteur de 1ᵐ 50, ce qui revient à une hauteur journalière de 0,0041.

D'après les expériences de Risler et de Schleiden, les prairies, par leur végétation, évaporeraient une hauteur de 3ᵐᵐ 4 à 7ᵐᵐ 3 par jour, les plus humides évaporant plus que les sèches. Il n'est donc pas exagéré de prendre 8 millimètres pour les prairies marécageuses.

D'après les mêmes expériences les cultures variées donneraient une évaporation moyenne de 0,002 millimètres.

Or la vallée de la Marque comprend approximativement 200 hectares de fossés et eaux stagnantes et 1,500 hectares de prairies marécageuses, de sorte que l'on aurait :

200 hectares d'eau, à 1ᵐ 50 d'évaporation annuelle, perdent 3 millions de mètres cubes d'eau, soit par jour 8.220ᵐ

1,500 hectares de prairies marécageuses perdent

0,008 pendant 300 jours de végétation, soit 24,000,000
de mètres cubes, ce qui, réparti en toute l'année,
donne, par jour moyen 65.753

Evaporation totale . . . . . 73.973^m

Ces 1,700 hectares, livrés à la culture, évaporeraient 2 millimètres pendant les 150 jours de la végétation, ce qui donne un cube de 5,100,000 mètres cubes,
lesquels, répartis en toute l'année, donnent une dépense journalière de . . . . 13.972^m

Soit, pour la différence d'évaporation . . 60.000^m

chiffre égal à celui que nous avions trouvé plus haut, en procé-
dant d'une façon générale.

Et, si l'on observe que nous avons négligé la diminution d'évaporation qui ne manquerait pas de se produire sur les terrains
imbibés d'eau, livrés actuellement à la culture; si l'on remarque
que les évaporations à supprimer par le desséchement s'opèrent
surtout l'été, c'est-à-dire pendant que le lit de la Marque est
presqu'à sec, on en conclura que le débit minimum de la rivière,
creusée et régularisée de manière à faire disparaître les marais, ne saurait être au-dessous de 80,000 mètres cubes pendant
l'été.

Il est d'ailleurs facile de prouver ce chiffre par analogie :
l'Escrebieux, affluent du canal de la Haute-Deûle, près de Donai,
possède un bassin mesurant une superficie de 50 kilomètres
carrés; or, de jaugeages opérés en 1834, M. l'ingénieur Lamarle,
déduisit que le débit s'élevait, par seconde, en été à 265 litres,
en hiver à 500 litres, en moyenne à 383 litres ; ces quantités
répondent à des débits journaliers de 19.696 mètres cubes en été,
43.200 mètres cubes en hiver, soit, en moyenne, 31.448 mètres
cubes. Or le bassin de l'Escrebieux est entièrement dans les
terrains crétacés supérieurs, plus perméables que le sol de la
plus grande partie du bassin de la Marque; il ne possède pas de
marais, le climat est sensiblement le même, la hauteur des
pluies tombées est égale des deux côtés, de sorte que la
comparaison ne peut qu'être au-dessous de la vérité, les conditions de la Marque étant, à part ses deux marais (deux cancers)

beaucoup plus favorables que celles de l'Escrebieux, sous le rapport de la puissance d'absorption du sol.

Or la superficie du bassin de la Marque est de 220 kilomètres carrés, de sorte que la proportion des surfaces est dans le rapport de 1 à 4. 4 ; il en résulte que, toutes les conditions étant égales, la Marque débiterait, par seconde : en été 1.166 litres; en hiver 2.200 litres et, en moyenne, 1.685 litres ; ces quantités répondent à des débits journaliers de 86.662 mètres cubes en été, 190.080 mètres cubes en hiver et à une moyenne de 138.371 mètres cubes. On voit que le chiffre de 80.000 mètres cubes que nous avons posé s'éloigne peu de celui que nous obtenons au moyen de la comparaison avec l'Escrebieux et que la critique ne pourrait que lui reprocher d'être trop peu élevé.

Or la vallée de la Marque, au-dessus de l'Empempont, ne possède aucune industrie, à l'exception de deux ou trois usines insignifiantes ; l'eau de la rivière y est donc relativement très-pure et l'observation rigoureuse des règlements pourrait assurer cette pureté pour l'avenir. Seules des matières organiques, provenant des marais, la souillent en ce moment et cet inconvénient disparaîtrait avec le desséchement. On voit qu'il y a là une réserve abondante d'eau industrielle peu coûteuse, facile à amener à Roubaix et dont la quantité disponible peut être évaluée à 75,000 mètres par jour, 5,000 pendant les sécheresses suffisant à l'écoulement dans la basse-Marque. Nous considérons ces quantités comme acquises et nous les reprendrons dans le projet général d'alimentation.

13. Par la Scarpe. — En 1867, c'est-à-dire 4 ans après l'inauguration des eaux de la Lys, ces « eaux bienfaisantes », selon l'expression de M. Ernoult-Bayart, étaient déjà jugées depuis longtemps et l'on en prévoyait la prochaine insuffisance, aussi se préoccupait-on de leur adjoindre une distribution d'eau moins infecte, chose en vérité peu difficile.

Dans la séance du 28 février 1868, M. Létocart proposa de faire une prise d'eau à la Scarpe ou à la Haute-Deûle, à Frais-Marais ou à Pont-à-Raches pour la refouler sur les hauteurs de Mons-en-Pévèle dans le lit de la Marque, pour la reprendre ensuite à l'Empempont d'où on l'aurait élevée sur les hauteurs de Barbieux. Une commission composée de MM. Dewarlez, Létocart, Motte-Bossut, P. Catteau et Ternynck fut nommée mais elle n'a laissé aucune trace de ses travaux.

Certes il y avait là, mais à titre d'indication seulement, une excellente idée ; il y a exubérance d'eau dans la Basse-Scarpe ; de nombreuses sources émergent dans les marais, au-dessous du niveau du canal, et c'eût été rendre service aux communes de la vallée, si sujettes aux inondations, que de les débarrasser des eaux qui en proviennent. D'ailleurs ces eaux eussent coûté fort cher à cause des deux refoulements successifs qu'elles eussent exigés et des travaux de régularisation qu'on aurait dû faire dans le lit de la Marque pour donner passage au débit supplémentaire imposé à cette rivière, surtout entre Mons-en-Pévèle et Frétin, où la Marque ne possède que la section d'un ruisseau et où, dans l'été, on aurait dû faire passer une grande quantité d'eau. Il est bon de remarquer aussi que la condition des marais en eût été aggravée et qu'il en eût résulté de justes plaintes de la part des communes.

La solution par la Haute-Deûle eût été préférable ; il était même facile de lui donner le caractère de l'utilité générale si elle s'était produite avant l'achèvement du canal de Roubaix. Il est en effet à remarquer que le canal qui joint la Scarpe à la Deûle possède, entre le fort de Scarpe à Douai, et l'écluse de Don, un bief d'une longueur de 30 kilomètres à l'altitude 21m40 au-dessus du niveau de la mer, c'est 1m40 en plus que la cote du canal de Roubaix à Croix et dans l'intérieur de la ville. Il était dès lors facile de faire dériver la Deûle canalisée en amont de Don, longer le coteau, doter Wazemmes, les Moulins et Fives de ports qui eussent été une grande source de prospérité pour ces sections annexées à Lille, et se diriger, de là, par Flers où la cote de la ligne de faîte séparant les vallées de la Deûle et de la Marque n'est que 26 mètres, vers l'Empempont pour gagner le souterrain de Roubaix ; on eût ainsi possédé un canal d'un seul bief entre Douai et Roubaix, au grand profit du transport direct des charbons français. Roubaix eût pu jouir, alors, d'une certaine quantité du trop plein de la Scarpe supérieure.

Il ne faut pas oublier, cependant, que les eaux qui arrivent à Lille par la Deûle, tant de la Scarpe que des affluents naturels du canal, ne s'élèvent en hiver qu'à près de 7,000 litres par seconde, et, en été, qu'à 2,770 litres, selon les jaugeages opérés en 1871 par M. l'ingénieur Flamant ; or cette dernière quantité est excessivement faible, eu égard aux services qu'elle est appelée à rendre puisqu'elle doit suffire aux besoins de la navigation.

à la marche des moulins Saint-Pierre et à dilution des déjections industrielles et domestiques de la ville de Lille. Mais il ne pourrait être fait de nouveaux emprunts à la Haute-Scarpe sans que M. Bayard de la Vingtrie, concessionnaire de la Basse-Scarpe jusqu'en 1903, ensuite de la loi du 11 avril 1835, intentât un procès à l'État et d'un autre côté, il ne pourrait être rien prélevé sur le débit actuel sans que la ville de Lille élevât les protestations les mieux justifiées et les plus respectables puisqu'il s'agit de la salubrité d'une grande ville.

Néanmoins le canal ainsi établi eut profité des nombreuses sources qui n'eussent pas manqué d'émerger des terrains crétacés traversés à Hellemmes et des eaux rendues libres par le desséchement des marais d'Annappes, d'Ascq, de Forest et d'Hem que le canal eut opéré ; il est certain que ces ressources seules eussent jeté dans Roubaix un minimum journalier de 25,000 mètres cubes d'eau, sans compter que ce travail offrait la meilleure solution du canal de Roubaix et que le grand bief ainsi créé eut servi de récepteur aux émissaires du dessèchement de la vallée de la Marque, portant alors le débit disponible du canal à un minimum de 90 à 100,000 mètres cubes, utilisable par Roubaix et par Fives.

Cette solution, on le voit, se réduit à la précédente, c'est-à-dire à l'utilisation des eaux de la Marque, évaporées au moyen de ses deux groupes de marais. Elle y joint l'indication d'un projet d'utilité publique incontestable, il est vrai, mais qu'il n'est pas du ressort d'une ville d'envisager ; au point de vue des facultés municipales la solution précédente reste donc seule debout.

14. Recherches d'eaux potables. — Quand nous entrâmes au service de la Ville les souvenirs de la cruelle épidémie cholérique de 1866 étaient encore tout récents, aussi l'un de nos premiers soins fut-il de rechercher quelle relation il pourrait y avoir entre les ravages du terrible fléau et les conditions d'être de la Ville. Pendant que le choléra sévissait, et après sa disparition, la commission des logements insalubres avait apporté un zèle louable à l'assainissement des courées ; c'était bien, mais cela nous paraissait insuffisant ; depuis longtemps on se plaignait de l'infection graduelle des puits de certains quartiers, les plus populeux ; de plus, dans les cités ouvrières, l'insuffisance des puits devait être compensée, pendant les sécheresses, par une distribution journalière d'eau de la Lys ; pour nous, là était

le mal ; l'imperfection des égouts, des conduits évacuateurs des
habitations, des fosses d'aisance, devait naturellement avoir
produit la contamination des puits ; de là cette redoutable et
facile expansion de l'épidémie dans les quartiers où la population est la plus dense ; le fait a été rigoureusement constaté par
les commissions sanitaires anglaises et proclamé énergiquement
par les plus savants médecins de Londres dans des rapports et
des conférences qui ont justement ému l'opinion publique. Tenter l'assainissement absolu de la couche aquifère superficielle
serait essayer une œuvre impossible, le plus simple comme le
plus sage était donc d'imiter toutes les grandes villes qui finissent toujours par se résoudre à créer une distribution d'eau
potable.

Nous ne nous dissimulâmes point les difficultés, non-seulement de l'œuvre en elle-même, mais encore de son acceptation ;
l'état précaire des finances municipales, la tendance des industriels à se désintéresser de tout ce qui leur semble étranger
à l'industrie locale, l'insouciance des populations pour les dangers qui leur paraissent disparus, et qui ne savent pas que les
fièvres putrides, les diarrhées endémiques, ont en général la
même cause que le choléra; la difficulté de convaincre des administrateurs peu compétents, dont l'eau de la Lys comblait
d'ailleurs tous les vœux, nous paraissaient autant d'ennemis à
combattre et dont nous n'aurions pas facilement raison.

Néanmoins nous résolûmes de chercher, dans l'intérêt toujours supérieur du bien-être public, quand par suite des événements, une administration nouvelle, décidée à rompre avec la
routine chaque fois que l'intérêt général serait en jeu, vînt nous
encourager à poursuivre le but que nous avions entrevu.

La situation topographique, non plus que l'ensemble géologique du pays, ne pouvaient laisser place à la moindre incer-
titude sur la direction à donner aux recherches; les vallées de
l'Escaut, de la Lys, de la Deûle étaient trop basses pour qu'il y
eut avantage à y rechercher des sources dont le refoulement eut
été fort coûteux et, d'ailleurs, partout le limon y recouvre
l'argile d'Ypres, les ondulations du sol, étroites, n'y donnent
naissance qu'à des vallons de peu d'étendue de sorte que les
sources ne peuvent qu'y être rares et insignifiantes.

Les nombreux forages creusés dans le pays ne pouvaient non

plus laisser la moindre illusion sur la puissance des nappes souterraines et sur leur hauteur ascensionnelle. Au contraire, au
delà du coteau qui s'étend en ligne droite de Willems à Mouveaux
s'étend la vallée de la Marque où affleurent des terrains secondaires et tertiaires; le bassin mesure une superficie de 220 kilomètres carrés et la rivière ne possède qu'un insignifiant débit
moyen de 10,000 mètres cubes, ne représentant que 9.4 0/0 du volume des eaux de pluie; il y avait là une anomalie dont il fallait
rechercher et les causes et les effets : les causes, évaporation
considérable ou grande puissance d'absorbtion des terrains,
correspondant aux effets suivants : existence de grands marécages ou de nappes souterraines abondantes.

La vallée de la Marque a la figure singulière d'un segment de
cercle dont la corde N.-S, de Bondues à Monchaux, aurait 28 kilomètres de longueur et la flèche O.-E., de Lesquin à Epeichin
(Belgique), mesurerait 12 kilomètres. Cette flèche coinciderait
sensiblement avec la ligne de soulèvement des terrains inférieurs, passant par Faches, Lesquin, Bouvines et se dirigeant
vers Tournai, laissant ainsi la moitié du bassin au nord, dans
l'ancienne mer anglo-flamande, et l'autre moitié symétrique au
sud, dans le golfe crétacé d'Orchies. De chaque côté de cette
flèche affleurent les terrains de craie sur des largeurs variables,
au-delà s'étendent les terrains tertiaires et quaternaires sous
lesquels plonge le terrain crétacé. La partie supérieure de la
rivière s'est ouvert une issue à travers l'axe de soulèvement au
moyen du défilé de Bouvines, à peu près au milieu de la flèche
du segment.

Dans de pareilles conditions on ne pouvait guère espérer que
des eaux peu abondantes, disséminées, provenant tant du plateau central de la craie que des sables landéniens dont les affleurements sont assez considérables dans les deux versants géologiques du bassin. Seulement il y avait lieu de tenir compte de
l'inclinaison E.-O. de l'axe de soulèvement, ce qui pouvait per-
mettre la captation d'eaux tombées dans la vallée de l'Escaut;
par contre une partie des eaux du bassin n'auraient été captables que dans la vallée de la Deule; l'existence des sources
d'Emmerin et de Seclin était favorable à cette hypothèse.

Une visite de la vallée confirma ces prévisions : quelques petites sources dans la craie à Wannehain, Bouvines, Sainghin
et Gruson; une légère source aux Lisières dans un conglomé-

rat de l'époque diluvienne; enfin quelques sources insignifiantes dans les sables landéniens à Sailly et Hem ; rien à la
longue base des mêmes sables qui s'étend transversalement d'Attiches à Cobrieux, au pied de la suite de collines dont Mons-
en-Pévèle est le point culminant. Donc peu d'eaux émergentes,
mais l'inspection des puits sur les divers points visités semblait
trahir une nappe souterraine éminemment riche, prenant son
niveau précisément un peu au-dessus de l'endroit où devrait
passer un aqueduc de captation. Mais, alors, pourquoi le lit de
la Marque, situé presque toujours plus bas que ce niveau, ne
s'emparait-il pas des eaux de cette nappe ? Nous en eûmes
l'explication en examinant le limon du fond de la vallée, dans
lequel le lit de la rivière est creusé et dont la nature argileuse
oppose un obstacle à la communication des eaux.

Des études plus complètes pouvaient, seules, donner des no-
tions approximatives sur l'importance des sources rencontrées ;
et, surtout, sur le régime de la nappe souterraine entrevue
c'est alors que le Conseil municipal fut saisi de la question, afin
de voter les fonds nécessaires pour les expériences, et qu'une
commission fut nommée pour examiner les résultats obtenus.
C'est dans l'une des premières réunions de cette commission
qu'un de ses membres, M. Motte-Bossut, prononça cette exquise
réclamation humanitaire : « De l'eau potable ? nous n'en avons
pas besoin ! »

15. **Expériences.** — 1º *Chéreng (le Trie).* — Pour vérifier la
réalité de l'existence d'une nappe souterraine discontinue, il
fallait expérimenter en un endroit quelconque, ne se désignant
à l'attention par aucun signe extérieur, mais qui offrît des puits
dans le voisinage, afin de reconnaître l'influence exercée sur
eux par les épuisements. Le Trie, hameau de Chéreng, fut choisi
et l'on s'établit sur un champ bordé d'un fossé où l'eau ne se
montrait pas ; à 40 mètres, ouest, se trouvait une fontaine creusée de main d'homme, dans laquelle le niveau ne s'abaissait
guère, en temps de sécheresse, que de 0,30, quelle que fût la
quantité d'eau qu'on y puisât ; à 60 mètres est, se trouvait un
puits dont le niveau restait sensiblement celui de la fontaine.
Le Trie est au pied du coteau qui s'étend de Gruson à Camphin,
il n'y répond à aucune dépression qui pourrait faciliter la réunion
des eaux, au contraire, il correspond à un léger contrefort du
plateau, de sorte que le résultat obtenu ne pouvait donner un

chiffre exagéré et reproduirait le minimum de ce que l'on eut trouvé en un point quelconque de la plaine.

On creusa une fouille de 50 mètres de longueur sur 7 mètres de largeur et 2 mètres 50 de profondeur, dans le terrain diluvien ; l'eau s'y maintint à la hauteur du puits et de la fontaine ; l'épuisement continu y dénonça un débit constant de 296 mètres cubes par jour. Mais ces eaux provenaient certainement des terrains inférieurs d'où la pression les poussait, malgré le peu de perméabilité de la couche superficielle ; il était donc essentiel de rendre libre l'ascension des eaux du terrain crétacé. Un premier forage fut creusé à 10 mètres d'une des extrémités de la fouille ; l'épuisement dans celle-ci n'abaissait pas sensiblement l'eau dans le tuyau du forage, au moins dans les premiers jours ; au repos, l'eau se maintenait dans le forage à un niveau supérieur de 9 centimètres à celui de la fouille.

Un second forage de 0.60 de diamètre fut creusé à côté de la fouille ; on y introduisit librement la crépine de la pompe. L'épuisement ne produisit aucun effet sur le niveau de la fouille ni sur celui du forage n° 1, situé à 10 mètres de là. Maintenu à 3 mètres de profondeur, l'épuisement accusait un débit de 1014 mètres cubes ; poussé jusqu'à 6 mètres, le débit devenait 2174 mètres ; alors l'intensité du tirage opéré fit obstruer le trou par les moellons de la craie, le tubage n'existant qu'à travers le diluvium.

Un troisième sondage de 0.20 de diamètre comme le premier fut creusé à l'autre extrémité de la fouille, de sorte que les forages N° 1 et 3 étaient distants de 60 mètres ; l'un traversait les marnes de craie, seulement, jusqu'à la dièbe, l'autre pénétrait à travers celle-ci jusqu'au calcaire de Tournai. Chacun des deux forages fut successivement mis en communication libre avec la fouille au moyen d'une rigole munie d'un déversoir : le N° 1 fournit un débit de 200 mètres cubes ; le N° 3 donna un débit égal sans produire la moindre influence sur le premier.

Au bout de trois semaines d'épuisement la fontaine avait baissé de 0.15 et le niveau du puits n'avait pas varié.

On peut conclure de cette expérience :

1° Qu'un aqueduc ne recueillerait que les eaux qui, du terrain crétacé, remontent péniblement dans les sables tertiaires et dans le limon ;

2° Que des forages, en rendant l'ascension plus facile, amèneraient une grande quantité d'eau à l'aqueduc;

3° Que la marche des eaux souterraines dans les marnes calcaires est lente, les forages ne s'affectant pas réciproquement à 60m de distance, ce qui permettrait de les mutiplier sur le parcours de l'aqueduc.

2° *Les Lisières (Willems)*. — Sur le territoire de Willems deux anciens routoirs ont dégagé des sources qui fournissent une notable partie des eaux de la petite Marque. Dans l'été de 1873 l'écoulement à la sortie, donnait 300 mètres cubes par jour. On régularisa la fosse dans laquelle un épuisement constant à 2m 25 fournit un débit de 2.500 mètres cubes; l'eau venait surtout d'un conglomérat de fragments calcaires avec coquilles fluviatiles, disposé sur une argile assez compacte, avec gros silex, évidemment l'ancien lit d'une rivière de l'époque diluvienne. Une fontaine, située au Daru, à 500 mètres de là, fut desséchée par l'épuisement.

L'eau provient certainement des terrains inférieurs d'où la souspression la fait remonter par quelques fissures dans le lit de la rivière diluvienne où elle se trouve charriée dans la couche très-perméable du conglomérat; dans la fouille même cette souspression était impuissante à traverser la couche argileuse qui recouvre le terrain crétacé en cet endroit. La saison pluvieuse, et le désir de faire une expérience au Daru avant l'hiver, firent que l'on ne chercha pas à mettre les nappes souterraines en communication avec la fouille au moyen de forages.

3. *Le Daru (Willems)*. — Dans la prairie même où se trouvait la fontaine tarie par l'épuisement des Lisières, mais à au moins 80 mètres de cette petite fontaine, on creusa une fouille longue de 20 mètres, large de 5, d'une profondeur de 3m 36. Il y venait peu d'eau filtrant à travers les sables du terrain quaternaire; cependant cela suffit pour que la fouille des Lisières se maintînt sans écoulement; quand à la petite fontaine de Daru elle en était à peine influencée; évidemment cette fontaine et celle des Lisières étaient dans le même lit de la rivière diluvienne. Dans la fouille l'eau prenait le niveau des Lisières c'est-à-dire à 2 mètres au-dessous du sol, le terrain étant plus élevé. On voit qu'il était difficile de tenter une épreuve dans des conditions plus défavorables.

Un forage, creusé à côté de la fouille, donna les résultats
suivants :

	0		
	Terre végétale	1.00	
Terrain	1.00		
	Sable argileux	1.50	L'eau se main-
quartenaire.	2.50		tient à 2m
	Sables jaune et vert	0.35	du sol.
	2.85		
	Sable vert	1.75	
	4.60		
	Marne, diève, sable, cornues	0.15	
	4.75		
	Diève bleue	1.20	
Terrains	5.95		
	Marne blanche et silex	0.35	L'eau monte
tertiaires.	6.30		à 1.23.
	Marne, sable jaune et cornues	0.60	
	6.90		
	Marne crayeuse et cornues	1.20	
	8.10		
	Marne crayeuse	3.90	
	12.00		
Terrain	Diève bleuâtre	0.30	
	12.30		L'eau monte
crétacé.	Marne blanche dure	0.60	à 1.05.
	12.90		
	Marne bleue	0.20	
	13.10		
	Marne grise dure et sèche (diève)		
	17.00		

Ainsi, la fouille n'ayant que 3 36 de profondeur, une couche
tertiaire de diève bleue de 1 20 d'épaisseur, la séparait donc des
couches aquifères ; alors furent percés, dans la fouille même,
deux forages de 2 mètres descendant dans la marne tertiaire, 2
forages de 3 mètres, descendant dans la même marne avec sable

jaune, 2 forages de 4 mètres descendant dans les marnes crétacées avec cornues et, enfin, deux de 5 mètres, dans la même marne sans cornues. Les eaux jaillirent alors dans la fouille et d'autant plus fort que les forages allaient plus profondément. Le forage voisin de la fouille fut alors mis en communication avec elle et, quoiqu'il débouchât à 1m20 au-dessus des autres, c'est lui qui fournit le débit le plus considérable. Les épuisements donnèrent alors un débit constant de 2,300 mètres cubes.

4° *Gruson*. — Il existe plusieurs petites sources à Gruson ; elles sont d'une captation facile mais les expériences y eussent été assez coûteuses ; cependant un fossé ne donnant pas d'eau, situé dans l'emplacement que devrait occuper l'acqueduc, fut creusé jusque dans la craie et un écoulement lui fut donné vers la Marque ; son débit atteignit alors 300 mètres cubes. Les différentes autres sources, qui émergent sur le sol, avaient un débit total d'environ 600 mètres cubes.

5° *Bouvines*. — Il existait quelques petites sources à Bouvines au hameau de la Place et dans la vieille Marque près la ferme de la Bourde ; leur débit total était de 1200 mètres ; les fossés furent curés et le débit s'éleva à 1550 mètres , dont 750 mètres à la Place et 800 mètres dans la petite Marque. Un forage fut creusé dans celle-ci, on le descendit jusque dans la dièvre et le débit s'éleva à 2,300 mètres cubes ; pendant ce temps le débit de la Place avait diminué de 300 mètres, soit que la saison eut fait baisser la nappe d'eau, soit que le forage eut puisé dans les mêmes couches.

Au mois de mars 1874, après un hiver exceptionnellement sec, le débit total était descendu à 922 mètres cubes, tant de la Place que de plusieurs forages creusés dans la petite Marque ; le plus grand d'entre eux fournissait 323m14. Une expérience fut alors faite sur ce forage : un barrage fut élevé jusqu'à 0,335 au-dessus du tube ; le débit s'arrêta, la hauteur piézométrique de la nappe était atteinte ; on abaissa successivement et l'on obtint 0,335 un débit de 0,00044 par seconde ; à 0,285, 0,00081 ; à 0,235, 0,00124 ; à 0,18, 0,00195 , a 0,13, 0,00243 ; à 0,08, 0,00289, a 0,03, 0,00374 ; la progression était donc uniforme et correspondait à un accroissement constant de 910 mètres cubes par jour et par mètre d'abaissement.

Mais, dans l'été de 1873, le débit de ce forage était de 1,050 mètres, il était donc diminué de 727 mètres ; cette dimi-

nution correspond à un abaissement de 0,72 de la nappe aquifère et n'a rien qui doive étonner.

16°. **Déduction de ces expériences** — Chacun sait qu'à un abaissement ou à la surcharge d'une source correspondent une augmentation ou une diminution de débit et qu'il est facile, même,
de supprimer celui-ci en élevant suffisamment le niveau de la
source ; ce niveau limite, effort suprême de la puissance hydrostatique de la source, est le niveau piézométrique de la nappe
d'eau à l'endroit émergeant. Si l'on abaisse successivement l'obstacle qui s'oppose à l'écoulement des eaux, le débit augmente
constamment suivant des lois qui varient avec la nature des terrains aquifères, selon les facilités qu'ils offrent à l'épanchement
souterrain des eaux. Plus le terrain est fissuré largement, plus
l'augmentation est considérable.

C'est ainsi qu'à la belle source du Rosoir, qui sert à l'alimentation de Dijon, M. Darcy a constaté qu'à 1m 96 au-dessus du radier le débit n'était que de 5 litres par seconde ; à 1m 30 le débit s'élevait à 44 litres ; il était de 59 litres à 0m 65 et de 71 litres
à 0m 30 de sorte que la progression était, en moyenne, de 3,485
mètres cubes par mètre d'accroissement. Dans ces conditions
une nouvelle surélévation de 0m 08, soit une surcharge totale de
2m 04, eut suffi pour supprimer tout écoulement.

La source de Guermanez, à Emmerin, qui sert à la distribution de Lille, présente un phénomène semblable ; avant tout
dégagement la commission, nommée en 1863, constata que le
débit libre n'était que de 432 mètres par 24 heures ; un abaissement de 0,80 porta ce débit à 2,678 mètres cubes ; un nouvel
abaissement de 0,65 le porta à 3,888 ; si, au lieu de la dégager on
avait recouvert la source de 0,15 seulement, le débit eut été
annulé tandis que l'expérience a prouvé qu'elle croissait de
1,975 mètres cubes par mètre d'abaissement. Ceux qui la voient
aujourd'hui et savent ce que la ville de Lille en tire, se doute-
raient difficilement d'un point de départ aussi mesquin en apparence, aussi remarquable en réalité.

Dans le premier cas la source sort des calcaires jurassiques
largement fissurés, à Guermanez le terrain aquifère est la craie,
les fissures y sont moins larges mais elles y sont plus nombreuses, aussi la progression est-elle moins considérable. Il était
tout naturel que les marnes crétacées, plus denses, n'offrant

qu'un écoulement assez difficile aux eaux souterraines, devaient donner une progression moindre ; c'est ce qui explique les résultats suivants :

Au Daru le niveau piézométrique se trouvait à un mètre du sol, à 3 mètres l'épuisement donnait 2,300 mètres cubes au moyen des forages. L'accroissement n'était donc que de 1,150 mètres cubes par mètre d'abaissement.

Aux Lisières l'accroissement n'était que de 980 mètres cubes, et il n'eut fallu qu'une surcharge de 0,30 pour anéantir la source.

A Bouvines cet accroissement n'est que de 910 mètres et nous avons vu, par l'expérience, qu'il suffit d'une surcharge de $0,38^5$ pour supprimer tout débit.

Au Trie, dans le grand forage, l'accroissement n'était que de 235 mètres cubes.

Ainsi l'accroissement est moins considérable et nous ne nous en plaignons pas, au contraire ; plus les terrains offrent de larges fissures plus les sources sont abondantes et plus l'abaissement en augmente rapidement le débit, c'est vrai, mais aussi les sources sont plus isolées et sont plus susceptibles de voir leur niveau varier avec la quantité des pluies tombées. Dans les marnes crétacées l'écoulement est long, mais la couche aquifère offre partout des sources et cette lenteur même est une garantie de la constance du débit, du moins si l'eau es^t captée assez bas pour qu'un abaissement de 0,30 dans la nappe, par suite d'un hiver sec, soit insignifiant.

En visitant les lieux que nous avons désignés, les personnes peu habituées aux observations hydrologiques pourront peut-être s'écrier comme M. le maire Descat : « Mais il n'y a pas d'eau dans ces pays-là ! » Nous leur dirons qu'il ne faut pas juger sur les apparences extérieures ; que, par exemple, si la vallée de la Deûle était recouverte d'un remblai d'un mètre, aucune source n'y émergerait et que, cependant, la nappe souterraine n'en existerait pas moins ; ici les conditions hydrographiques sont les mêmes, seulement le niveau piézométrique est moins élevé et la disposition géologique des terrains diffère absolument ; il en résulte d'une part, que rien ne trahit extérieurement la nappe d'eau et, d'autre part, un débit moins abondant mais plus invariable, la superposition de couches alternativement perméables et quasi-imperméables constituant des réservoirs souterrains recevant des eaux de plus en plus éloignées, selon leur profondeur relative.

Partant de ces données, voici quels pourraient être les débits dans un aqueduc tel que celui qui sera décrit plus bas, la captation tant des forages que de la nappe aquifère s'opérant au milieu de la hauteur de l'aqueduc.

1° *Bouvines*. — Nous avons vu que la progression du débit est de 910 mètres cubes par jour pour un mètre d'abaissement ; or la commission a constaté, le 2 juillet 1871, après un hiver tout-à fait exceptionnel, que le débit était réduit à 480 mètres cubes, au lieu de 922 mètres cubes trouvés le 24 avril 1874 et des 2,300 mètres cubes de l'été de 1873. Dans ces conditions d'étiage anormal le radier de l'aqueduc passant à 1,20 de profondeur et la captation se faisant à 3m 60, on aurait pour le débit minimum à cet endroit : 480mc + (910 × 3,60) = 3,756 mètres cubes. Ce résultat serait même certainement augmenté parce que, le curage des ruisseaux n'allant pas jusqu'à la craie, la plus grande partie des sources n'ont pas été dégagées et que nous agissons ainsi sur des données trop restreintes.

2° *Sainghin*. — Il existe à Sainghin quelques sources qui n'ont fait l'objet d'aucune expérience ; elles paraissent provenir du plateau de la craie sénonienne, et se présenteraient, par conséquent, dans des conditions identiques à celles de Guermanez. Or, celles-ci accroissent leur débit de 2,100 mètres par l'abaissement d'un mètre de leur plan d'eau ; cependant, nous ne prendrons pas cette proportion qui nous donnerait un chiffre fort élevé, eu égard surtout à la stratification du terrain dont la pente est plus favorable à Guermanez qu'à Sainghin. Nous adopterons donc l'accroissement de Bouvines qui nous placera indubitablement au-dessous de la vérité. La commission a constaté le 24 avril 1874, que le ruisseau de Sainghin produisait 421 mètres cubes ; la captation se ferait à 3,50 de sorte que le débit de 421 m. c. + (910 × 3,50) = 3,600 mètres cubes.

3° *Gruson*. — Nous avons vu que les différentes sources émergeant à Gruson donnent un débit de 600 mètres cubes à la Marque ; le débit réel est plus élevé parceque la plus grande partie des eaux des sources se perdent dans les marécages avant d'arriver à la rivière; nous partirons cependant de ce débit restreint.

Les sources de Gruson semblent n'être qu'une déviation d'une partie du bassin hydrographique de Bouvines, la même proportion d'accroissement y paraît donc applicable. Or l'émergence y est élevée et la captation s'opérerait à 4 mètres de profondeur, de sorte que l'on aurait pour le débit : $600 + (910 \times 1.60)$, $= 1240$ mètres cubes.

4e *Vallée de la petite Marque.* — Nous avons fait remarquer que les expériences du Trie et du Daru ayant été faites à des endroits quelconques, défavorables même, il reste évident que la captation de la nappe aquifère de la craie pourrait être faite en n'importe quel point de la vallée sous laquelle s'étend cette nappe, c'est-à-dire depuis le pont à Tressin jusqu'au pont de l'Anneau, sur une longueur directe de 3,000 m. Or la petite Marque, qui n'a, en apparence, qu'une seule source, celle des Lisières, en possède, en réalité, un grand nombre qui se font jour dans tous les fossés qui sillonnent la vallée, à des points plus bas que le champ des deux expériences. Ces sources se montrent surtout sur une courbe qui s'infléchit un peu vers Baisieux et qui se manifeste par une légère inflexion du terrain ; nous en avions conclu que la craie plongeait à partir de cette ligne sous les sables landéniens et les sondages ont démontré la réalité de notre hypothèse ; c'est donc cette ligne que devrait suivre le tracé de l'aqueduc pour capter avec plus de fruit les eaux de la nappe. Or la petite Marque, exclusivement alimentée par ces sources superficielles, donne, sur un déversoir d'un mètre, une hauteur d'étiage de huit centimètres, correspondant à un débit de 40 litres 5 par seconde ou de 3456 mètres cubes par jour.

La progression du débit aux Lisières est à peu près la moyenne entre celles du Daru et du Trie, elle peut donc servir à l'ensemble de la vallée ; or l'écoulement naturel constaté étant de 306 mètres cubes et l'épuisement à $2^m.25$ donnant 2,500 mètres, ce débit à une profondeur de 3 mètres eut été porté à 3231 mètres, le niveau de la captation se trouvant précisément à 3 mètres en contrebas du sol, il s'en suit que le volume d'eau reçu dans l'aqueduc serait donné par cette proportion :

$$306 : 3231 :: 3456 : x$$

d'où l'on tire, pour la valeur x du débit, 36,491 mètres cubes.

5° *Sables landéniens.* — Depuis le pont de l'Anneau jusqu'à Hem, sur un parcours de 2,500 mètres, l'aqueduc serait noyé dans la couche aquifère des sables landéniens, dont la présence se manifeste par l'émergence de quelques petites sources et par des suintements; de leur côté, les puits montrent qu'elle existe sans interruption, et les sondages ont vérifié le fait. En l'absence d'expériences directes, certains indices nous ont démontré que le produit, dans l'aqueduc, n'en serait pas inférieur à 3,000 mètres.

Résumant ces données, nous obtiendrons donc, pour le débit total :

1° Bouvines.	3,756 mètres cubes.
2° Sainghin.	3,609 —
3° Gruson.	4,240 —
4° Petite Marque.	36,491 —
5° Sables landéniens.	3,000 —
Total.	51,096 mètres cubes.

Nous allons chercher la preuve de ces chiffres par la détermination de l'étendue des bassin hydrographiques qui alimentent les nappes à capter et par l'évaluation des quantités d'eaux météorologiques qu'elles absorbent.

17. Bassins hydrographiques alimentateurs. — 1° *Bouvines et Gruson.* — Les sondages et les explorations ont démontré l'existence d'une vallée de la diève, commençant au sud de Tournai, au-delà d'Erre, et passant au hameau de la Place, à Bouvines, pour se diriger vers Lille; ainsi, à Bouvines, la diève est à la cote 1.15, à la Vache-Bleue à la cote 21.63, à Erre à la cote 28.20; la stratification a donc une pente non interrompue depuis les carrières de Tournai jusqu'à Bouvines. Sa longueur est d'environ 15 kilomètres et sa largeur moyenne de 2 kilomètres, embrassant ainsi une superficie de 30 kilomètres carrés, soit 30 millions de mètres superficiels.

Les sondages, suffisants pour déterminer approximativement l'étendue de ce bassin, ne sont pas assez multipliés pour faire la distinction entre la partie qui aboutit à Bouvines et celle qui a son extrémité à Gruson.

2° *Sainghin.* — Le petit bassin crétacé qui aboutit à Sainghin a, en moyenne, une longueur de 1,300 mètres et une largeur de 2,500, mesurant ainsi une superficie de 11,250,000 mètres carrés.

3° *Petite Marque.*—Le point bas de cette vallée est marqué par un sondage poussé jusqu'à la pierre dans les marais de Chéreng; elle s'étend jusqu'à Tournai, mais sa détermination présente quelques doutes vers Blandain et Froyenne; cependant les sondages faits permettent de donner une idée approximative de la superficie des terrains dont les eaux se dirigent vers la petite Marque.

D'une largeur de 3 kilomètres à Chéreng, le bassin souterrain s'élargit, — à 6 kilomètres au delà de Camphin, sa largeur est de 4 kilomètres; il va jusqu'à Tournai, à 12 kilomètres où il semble avoir à peine 1 kilomètre. Ces dimensions donneraient une superficie de 36 kilomètres carrés.

4° *Sables landéniens.* — Les sables landéniens sont cotoyés sur 4 kilomètres de longueur, entre Willems et Hem; il est probable que, vu la pente générale de la couche, les affleurements dont les eaux se dirigent vers la Marque s'étendent assez loin en Belgique, cependant nous ne prendrons que jusqu'à la ligne de faîte, à 2 kilomètres du pied du coteau. La superficie sera alors de 8 kilomètres carrés.

18. — Alimentation des nappes souterraines. — Tout le monde est d'accord sur le mode d'alimentation des nappes souterraines; mais où les avis diffèrent c'est sur la détermination de la quantité qu'elles reçoivent. Cette divergence d'opinions, perturbatrice au premier abord, s'explique par la différence de nature et de pente des terrains sur lesquels les expériences ont été faites.

Chacun sait que les eaux souterraines sont le produit de la condensation des eaux de l'atmosphère et que la masse d'eau ainsi cédée annuellement par l'atmosphère au globe représente une hauteur de 1m 30. Cette condensation s'opère : 1° d'une manière concrète par les pluies et les neiges; 2° d'une manière abstraite par la rosée et les brouillards; les udomètres donnent le moyen de mesurer les unes, les autres échappant jusqu'à présent à l'observation.

Ces eaux se divisent en trois parties bien distinctes : les premières ruissellent à la surface et se rendent directement aux ruisseaux, torrents, rivières, etc.; les deuxièmes sont restituées à l'atmosphère, soit par l'évaporation directe, soit par l'évaporation des plantes, les troisièmes pénètrent dans le sol, s'y infiltrent en plus ou moins grande quantité, selon le degré de perméabilité des terrains, pour donner naissance aux nappes ou aux courants souterrains.

Nous avons vu que les eaux courantes ont été évaluées en Angleterre, par Dalton, à 36 0/0 des eaux de pluies ; par Dausse, dans la Seine, à 33.4 0/0 ; qu'enfin pour ne pas pécher par exagération et considérant d'ailleurs la perméabilité exceptionnelle des terrains de craie, nous avons adopté 25 0/0 pour la vallée de la Marque ; il est probable, cependant, que cette proportion ne serait pas inférieure à 30 0/0 si les marais étaient desséchés puisque, pour l'Escrebieux, elle est de 31 0/0.

Si les reliefs du sol exercent une influence prépondérante sur la quantité des eaux écoulées aux rivières, la nature des terrains paraît être la cause principale qui fait varier la proportion entre les eaux évaporées et les eaux absorbées, les terrains imperméables donnant la plus forte évaporation ; ainsi Risler, dans une expérience faite sur un terrain argileux très compacte dans le canton de Vaux, le sol étant drainé, trouva 70 0/0 d'évaporation et 30 0/0 d'eau écoulée par les drains, l'eau tombée étant 1,05 ; c'est là une proportion énorme, surtout si l'on y ajoute la quantité inconnue donnée par les rosées et les brouillards. Des expériences faites par M. Charnock, en 1842 et 1843, font ressortir combien il est difficile d'arriver à une juste évaluation de la quantité des eaux évaporées ; ainsi l'eau tombée pendant l'année ayant été de 0,650, l'eau filtrée dans le sol se trouva être 0,143 (22 0/0), l'eau évaporée d'un sol drainé de 0,457 (70 0/0) et l'eau évaporée d'un sol saturé 0,808 (12 0/0), c'est-à-dire une quantité plus considérable que l'eau tombée ; il en avait été produit par les rosées et les brouillards en quantité indéterminée, c'est pourquoi il est difficile d'arriver à l'évaluation des eaux évaporées.

Les eaux filtrées par le sol et concourant à la formation des nappes souterraines ont été l'objet de beaucoup d'expériences ; mais, comme il est facile de le comprendre, les résultats sont excessivement variables selon la nature des terrains. Dalton, en Angleterre, dans une série d'expériences faites de 1796-98, trouva que les eaux tombées étant de 0,852, l'eau donnée par des drains était de 0,214, soit 25 0/0. Dickenson, dans des conditions différentes, et opérant d'une façon plus certaine, a trouvé, en huit années d'observation un rapport variant de 30 à 57 0/0, soit, en moyenne, 42 0/0 : la différence est grande et provient certainement de ce que, dans un terrain drainé, une certaine quantité d'eau passe entre les drains pour pénétrer dans le sous-sol. Mais si l'on opère sur un terrain dont le sous-sol est imperméable, les résultats semblent approcher davantage de la vérité. C'est ainsi que M. Delacroix a trouvé qu'en 1856 et 1857, en Sologne, l'eau tombée étant de 0,593, les drains avaient fourni 0,323, soit 53 0/0. Dans des conditions semblables, Risler, dans le canton de Vaux, en 1867 et 1868, a trouvé 30 0/0. Il est évident que, si les conditions sont semblables, les circonstances peuvent varier et que, avec plus de brouillards dans le premier cas, avec une culture intensive dans l'autre, on a pu atteindre une différence notable.

En 1869, M. Parsy, dans son étude sur l'alimentation de Douai, constata que le débit des sources de la vallée de l'Escrebieux était égal à la moitié du volume d'eau tombée. Or, en baissant ces sources, leur débit eut augmenté : il est donc probable que la nappe souterraine est commune à plusieurs bassins et n'a aucune relation avec l'étendue de celui-ci.

En Angleterre, où les brouillards sont considérables et où l'évaporation est faible, les ingénieurs comptent 75 o/o de l'eau tombée. Darcy et Babinet, en France, admettent 50 o/o. Dans la vallée de la Seine on admet que la terre rend le tiers de l'eau qu'elle reçoit, tant par le ruissellement que par les sources, mais on ne tient aucun compte de l'eau qui s'échappe dans les profondeurs.

La perméabilité exceptionnelle du sol dans le bassin de la Marque, surtout dans les parties qui recouvrent les bassins hydrographiques qui nous intéressent, permettait d'adopter une proportion assez forte ; cependant, pour ne pas être taxé d'exagération, nous supposerons que les eaux qui pénètrent dans le sous-sol ne s'élèvent qu'à 40 o/o des eaux tombées. Or, dans l'arrondissement de Lille la quantité d'eau tombée donne une hauteur de 0m 70, ce serait donc une lame d'eau de 0m 28 qui pénétrerait annuellement dans le sol. Il n'y a qu'à parcourir les plaines qui nous occupent, et y constater l'absence presque complète de fossés d'écoulement, pour rester convaincu que la proportion adoptée est au-dessous de la vérité.

19. — **Produit des bassins hydrographiques.** — Au moyen des

données précédentes, Il est facile de déterminer la quantité d'eau que les bassins hydrographiques, dont l'écoulement se fait vers la Marque, recèlent annuellement dans leurs profondeurs. C'est l'objet du tableau suivant :

Nom du Bassin	Superficie	EAU TOMBÉE annuell.	EAU ABSORBÉE	
			par an	par Jour moyen
1° Bouvines et Gruson . . .	30.000.000 m	21.000.000 m	8.400.000	23.014
2° Sainghin. . .	11.250.000	7.875.000	3.150.000	8.630
3° Petite-Marque	36.000.000	25.200.000	10.080.000	27.617
4° Sables Landéniens. . . .	8.000.000	5.600.000	2.240.000	6.137
Totaux . .	85.250.000	59.675.000	23.870.000	65.398

En comparant ce tableau avec ce que nous avons déduit des expériences, nous avons :

Noms des Bassins	Débit prob. des SOURCES	EAUX de la NAPPE.	DIFFÉRENCE	
			en plus	en moins
1° Bouvines et Gruson . . .	7.096me	23.014me	»	15.018
2° Sainghin. . .	3.609	8.630	»	5.021
3° Petite-Marque	36.491	27.617	8.874	»
4° Sables Landéniens. . . .	3.000	6.137	»	3.137
Totaux . .	51.096	65.398	8.874	23.170
Différence favorable. . . .			14.302me	

De ce tableau on tirera les conclusions suivantes :

1° Malgré l'excessive modération apportée dans l'évaluation des eaux absorbées par les bassins hydrographiques, nous arrivons à un chiffre supérieur à celui que nous avons évalué pour le débit des sources.

2° La différence que l'on remarque à Bouvines et Gruson, d'une part, dans la petite Marque, d'autre part, prouve d'abord que l'évaluation faite pour Gruson, sans expériences, est insuffisante ; ensuite que, par suite de la stratification des couches aquifères superposées, une partie des eaux du bassin de Bouvines se dirigent vers le bassin de la petite Marque.

3° Que l'évaluation du débit des sources de Sainghin et des sables landéniens a été faite à défaut d'expériences avec une prudence excessive.

4° Que l'objection qui nous a été faite lorsqu'on nous a dit : « vos recherches sont vaines, car les pays dont vous prétendez « prendre les eaux en manquent fréquemment, » tombe d'elle-même, car c'est précisément parce que ces pays manquent d'eau qu'ils sont aptes à en fournir ; les phénomènes météorologiques n'y sont pas moins intenses qu'ailleurs, mais le sous-sol sur lequel ils reposent est perméable, de sorte que les eaux absorbées s'y infiltrent rapidement pour pénétrer dans les couches inférieures ; il devient dès lors évident que, si l'on peut trouver, quelque part, un affleurement de ces dernières couches en aval relativement à leur pente générale, des plateaux où il y a pénurie d'eau que l'on pourra capter tout ou partie de ces eaux que n'ont pas su retenir les plaines perméables dominantes.

20 — Débit des eaux captables. — La disposition géologique des terrains de la partie de la vallée de la Marque qui nous occupe est éminemment favorable à la captation de la presque totalité des eaux qui s'écoulent dans la nappe souterraine. Entre la ferme de la Bourde, à Bouvines, et le pont de l'Anneau, à Willems, c'est-à-dire sur une longueur de 7000 mètres, la captation présente une facilité exceptionnelle ; en effet, sous une épaisseur de limon variant entre un et cinq mètres, et dont la nature presque imperméable permet à peine quelques filtrations ascendantes, on trouve une couche de cailloux fortement aquifère et qui provient de la dénudation des terrains de craie aux temps tertiaires ;

cette couche reçoit des eaux inférieures que la sous-pression projette de bas en haut à travers les marnes différemment calcaires qui composent l'étage inférieur du terrain crétacé ; celui-ci est composé d'un nombre variable de couches régulières, d'un mètre à 1m 20 d'épaisseur, alternativement formées de craie compacte, moyennement perméable, et de marne grise, à peine perméable.

Dans de semblables conditions, chacune des couches de craie compacte devient une nappe acquifère où les eaux s'écoulent lentement mais régulièrement ; si, à un endroit quelconque de la nappe, on supprime tout-à-coup cette difficulté de circulation, si, en un mot, on perfore les couches par des sondages, l'eau, au lieu de continuer son cours pénible dans sa voie naturelle, jaillira par les forages et, si un écoulement se trouve ménagé assez bas au-dessous du niveau piézométrique, pour que la pression de la colonne d'eau soit moindre que la force nécessaire pour vaincre l'obstacle souterrain qui retarde la circulation, les eaux suivront de préférence le chemin artificiel qui leur est offert et la captation s'opérera sur la totalité du débit.

Mais nous ferons la part de toutes les chances contraires ; nous admettrons que l'écoulement souterrain ne sera pas totalement supprimé, nous supposerons une série de plusieurs hivers sans neige et nous en concluerons, contre tout précédent, qu'il peut se présenter des étés beaucoup plus secs que celui-ci; mais, tenant compte de nos conclusions du chapitre précédent, nous opérerons une réduction d'un quart sur les quantités que doivent fournir les bassins, de sorte que nous aurons :

1° Bouvines et Gruson . .	12,000 m. cubes	
2° Sainghin	5,000 —	
3° Vallée de la petite Marque	25,000 —	45,000 m. cubes.
4° Sables landéniens . .	3,000 —	

Ce serait donc, au minimum, dans l'hypothèse des conditions les plus défavorables, sur un débit journalier de *quarante-cinq mille mètres cubes d'eau* que l'on serait en droit de compter dans les endroits que nous avons désignés, et il nous paraît difficile d'admettre que des réductions nouvelles viennent s'ajouter à celle que nous avons déjà faite.

Croit-on, dès lors, qu'il y ait lieu d'hésiter si, comme nous le
démontrerons plus loin, les eaux captées reviennent, distribuées,
à un prix raisonnable ? Que l'on examine toutes les entreprises
du même genre et l'on verra que les prévisions ont toujours été
largement dépassées. La distribution de Lille, malgré les cla-
meurs de certains journaux grincheux, en est un exemple que
l'avenir montrera sous un jour plus remarquable encore. N'est-
ce pas alors le cas de répéter avec Dupuit, l'une des plus grandes
autorités en cette matière : « Il reste toujours un certain côté
» aléatoire dans la recherche des eaux souterraines, mais quand,
» par des études préliminaires, on a reconnu au succès un cer-
» tain nombre de chances favorables, il n'y a pas lieu d'hé-
» siter. »

24. Autres eaux. — Mais les eaux faisant l'objet de la présente recherche ne sont pas les seules qu'il serait possible de
capter dans la direction dont nous nous occupons.

En première ligne, un embranchement d'aqueduc allant de
Tressin à Ascq, Annappes et Flers, sur la ligne précise où le
terrain de craie commence à plonger sous les formations tertiaires, recueillerait une notable partie de l'eau absorbée par la
plaine qui s'étend d'Anstaing à Lezennes ; or, cette plaine a
plus de 5 kilomètres de longueur sur une largeur de 3 kilomètres ; sa superficie est donc de 15 millions de mètres carrés ;
admettant que la moitié seulement des eaux absorbées,
soit une hauteur annuelle de 0,14 soit captée, c'est une réserve,
par année, de 2,100,000 mètres cubes, et, par jour, en nombre
rond, de 6,000 mètres.

En seconde ligne l'aqueduc de Sainghin pourrait être appelé à
voir considérablement augmenter son débit. Dans son rapport
inséré dans les Mémoires de la Société des Sciences de Lille,
pour 1866, la commission pour l'alimentation en eau de Lille,
signalait Ronchin comme le centre d'un petit bassin de 2,904 hectares, sans aucune voie d'écoulement ; elle remarquait que les
eaux de Guermanez sourdent au pied du coteau qui sépare Ronchin de la vallée de la Deûle et elle en inférait que ses eaux
proviennent du bassin de Ronchin. Évidemment le rapporteur ne
s'était pas rendu un compte suffisant des conditions géologiques
du pays ; Ronchin est dans la direction du vallon de Sainghin, ils
sont séparés par un faîte à peine sensible et ne sont certainement

que la suite du bassin hydrographique de Bouvines, dont il a été
question plus haut; entre Ronchin et Emmerin existe une barrière
infranchissable aux eaux: la ligne de soulèvement qui part de Tournai et se dirige vers le cap Gris-Nez par Bouvines et Fâches. Or,
dans la craie supérieure, le régime des eaux ne peut être le même
que dans les marnes nerviennes, partagées en couches régulières, alternativement plus ou moins perméables; là, au contraire, sur toute la hauteur de la couche existent en général des
fissures dirigées dans tous les sens, sans aucune règle, sans la
moindre relation avec la pente géologique des terrains. Aussi
ne serait-il pas déraisonnable d'admettre que l'aqueduc de Sainghin, attaquant profondément la craie, pénètrerait dans la
nappe d'eau qu'elle recèle et en soutirerait une notable partie;
les eaux de Ronchin entreraient au moins pour un tiers dans les
eaux ainsi captées, soit 7.000 mètres cubes par jour.

Les sources d'Emmerin n'en seraient nullement affectées, les
eaux qu'elles reçoivent provenant évidemment du vallon qui,
de Wattignies passe à Templemars se dirigeant vers Péronne.

En troisième ligne, à la base du landénien supérieur qui s'é-
tend d'Attiches à Wannehain passant par Martinsart, Avelin,
Ennevelin, Cobrieux et Bourghelles, sur une longueur qui n'est
pas inférieure à 20 kilomètres, on trouve une nappe d'eau inin-
terrompue, tantôt à fleur de terre, comme à Attiches, à 1 mètre
du sol comme à Ennevelin, suintant à la surface, comme à
Cobrieux; ces eaux se perdent dans les terrains de craie d'Attiches au Pont-Thibault et dans les marais du Pont-Thibault à
Bourghelles; la première partie sert à alimenter les sources de
Seclin, qui font partie du projet général d'alimentation de Lille,
la seconde partie est évaporée dans les vastes marais de Fretin
et de Cysoing; la ville de Roubaix pourrait s'emparer des dernières qui n'exigeraient pas un aqueduc de moins de 14 kilomètres de longueur, captant les eaux d'une étendue que l'on ne
saurait évaluer à moins de 12 kilomètres de long sur 4 kilomètres
de large, au minimum, soit une superficie de 48 kilomètres
carrés, produisant une quantité d'eau journalière de 35.000 mètres cubes.

Le drainage de ces trois lignes n'offrirait aucune difficulté;
il s'opérerait au moyen de branchements débouchant librement

dans l'aqueduc principal et établis dans des conditions identiquement semblables. On pourrait obtenir ainsi, en déduisant un tiers de la troisième ligne pour eaux perdues dans les profondeurs, un cube journalier de *quarante mille mètres cubes* lesquels ajoutés aux 45 mille captés par notre projet actuel, formeraient un cube total de *quatre-vingt mille mètres cubes.*

Et ces eaux ne sont point un rêve, elles sont palpables pour qui sait voir; elles sont le produit du drainage de toute une vallée de 22,186 hectares, certaines parties restant en dehors de nos moyens de captation, mais, en retour, drainant une partie de la vallée de l'Escaut. L'action s'exercerait, en tous cas, sur une superficie d'au moins 20,000 hectares ; or, sur cette surface, il tombe annuellement 140 millions de mètres cubes d'eau, soit par jour moyen 380,000 mètres cubes.

Dans les conditions ordinaires cette masse d'eau devrait se partager de la manière suivante :

1º Écoulement vers la rivière, 31 % soit   117,800 m. c

2º Évaporation par le sol et par les plantes, 29 %   110,200

3º Absorption par les nappes souterraines, 40 %   152,000

Total.   380,000 m. c

Or, nous avons compté en supposant les marais assainis et les canalisations faites :

1º Eaux de rivière d'été, 80,000 mètres cubes.

2º Eaux souterraines, 95,000 mètres cubes.

C'est, dans le premier cas, 67 % seulement du débit moyen et, dans le second, 62 %. C'est assez dire que nos évaluations n'ont rien d'exagéré et qu'on peut les adopter sans témérité aucune.

On disposerait donc, tant en eau de rivière, qu'en eaux souterraines d'un débit minimum de 175,000 mètres cubes, suffisant pour alimenter largement une ville industrielle de 500,000 habitants, à raison de 350 litres par jour et par habitant. Ce serait plus que suffisant pour les besoins futurs de Roubaix, Tourcoing, Croix et Lannoy, destinés à former, par leur réunion, un même groupe manufacturier.

Ajoutons que, sur le parcours de l'aqueduc, deux points seraient très-favorables à l'ouverture d'un forage dans la pierre carbonifère, avec quelques chances de réussite. Il est possible que la nappe d'eau, susceptible d'y être rencontrée, n'aurait peut-être pas un niveau suffisamment élevé pour prendre son écoulement naturel dans l'aqueduc; mais, alors, l'épuisement pourrait donner une eau abondante et pure, nullement calcaire, dissolvant très bien le savon et contenant en abondance de l'acide carbonique. Nous pensons que l'essai de ces deux forages, à Bouvines, (ferme de la Bourde) et à Chéreng (Marais), serait à souhaiter pour la solution du problème qui nous occupe; elle permettrait sans doute de ne jamais recourir à la 3e ligne de la vallée et les eaux ainsi recueillies auraient des qualités bien supérieures à celles des autres eaux captées.

Pour mémoire nous ferons remarquer que, par la vallée de la Marque, dans la direction de Cobrieux, on se dirige vers la partie de la vallée de la Scarpe où les forages dans la pierre donnent un grand débit; à la rigueur il est certain que l'on trouverait par là de grandes ressources, faciles à relier à notre projet d'ensemble.

22 Analyse des eaux. — Les eaux de Bouvines et des Lisières ont été l'objet d'une analyse faite par M. Meurein, de Lille; les eaux de Bouvines ont été prises dans le forage, elles proviennent donc des marnes calcaires et donnent une idée assez exacte des eaux qui seraient recueillies par notre projet d'alimentation; on verra, par l'analyse, qu'elles contiennent de la chaux en suspension; une partie de cette matière se déposerait certainement dans les aqueducs et dans les réservoirs, ainsi que le fait a été observé à Dijon. Les eaux des Lisières ont été puisées dans la fouille cinq mois après les épuisements, alors qu'elles avaient déjà perdu cette belle couleur verte qui les distinguait alors; elles étaient à peu près stagnantes et avaient acquis une saveur marécageuse qui disparaîtrait par la captation; les sels minéraux y étaient aussi en plus grande proportion, par suite, sans doute, de l'évaporation qui s'exerçait à la surface de la fosse; cette analyse ne peut donc donner qu'une idée imparfaite des eaux à capter. Quoiqu'il en soit, voici le procès-verbal complet de M. Meurein.

« *ANALYSE CHIMIQUE de deux échantillons d'EAU, pré-*
« *sentés par les agents du service municipal des Travaux*
« *publics de la Ville de Roubaix.*

« Chaque échantillon était renfermé dans une bouteille de

» verre vert, d'une capacité de 10 litres, bouchée en liége, ficelée
» et cachetée.

» L'une de ces bouteilles portait l'étiquette : « *Eau prise au*
» *grand forage de Bouvines, 7 Mars 1874.* »

» L'autre : « *Eau puisée à la fontaine des Lisières, 7 Mars
1874.* »

» Caractères physiques :

	BOUVINES	LISIÈRES
» Couleur	Incolore	Incolore
» Odeur	Nulle	Nulle
» Saveur	Nulle	Marécageuse
» Action de la chaleur	Se trouble	Se trouble

» Caractères chimiques :

	BOUVINES	LISIÈRES
» Savon en poudre déposé à la surface	Stries blanches	Stries blanches
» Savon en poudre après mélange	Dépôt floconneux	Dépôt floconneux
» Azotate acide de baryte	Trouble suivi de précipité	Trouble suivi de précipité
» Azotate acide d'argent	Opalescence faible suivie de précipité	Opalescence plus fort suivie de précipité plus abondant.
» Oxalate d'ammoniaque	Trouble sans précipité, après 12 h. précipité blanc	Trouble plus fort, précipité plus abondant.
» Teinture alcoolique de campeche	Jaune rougeâtre, après 12 h. précipité couleur chocolat	Précipité de même nature, plus abondant.
» Teinture de tournesol rougie	Légèrement ramenée au bleu	Légèrement ramenée au bleu
» Eau réduite par évaporation au $\frac{1}{10}$ de son volume normal, additionnée d'une goutte de dissolution de sulfate d'indigo et d'acide chlorhydrique, quantité excédant le volume de	Décoloration	Décoloration plus rapide

	BOUVINES	LISIÈRES
» l'eau, mélange chauffé » Eau réduite par évaporation » au $\frac{1}{1000}$ de son volume pri- » mitif, additionnée d'acide » chlorhydrique et de bi- » chlorure de platine	Très faible précipité jaune	Très faible précipité un peu plus pro-noncé.
» Eau évaporée à siccité, ré- » sidu chauffé au rouge	Ne se colore pas	Ne se colore pas
» Eau traitée préalablement » par l'oxalate d'ammonia- » que, filtrée et additionnée » de phosphate d'ammonia- que	Trouble léger	Trouble plus fort
» Un litre d'eau évaporée à » siccité, sursaturée par l'a- » cide azotique a été addi- » tionnée de nitro-molybdate » d'ammoniaque, le précipité » séparé par filtration et re- » dissous sur filtre, le liquide » additionné de sulfate de » magnésie ammoniacal, a » donné un précipité de phos- » phate ammoniaco-magné » sien.	Traces	Précipité pondéra-ble et pesé après calcination
» L'eau normale addition- » née de sulfocyanure de po- » tassium	Rien	Rien
» Degré hydrotimétrique	30	33-5

» Analyse quantitative :

» Je n'entrerai pas dans le détail des opérations; je me con-
» tenterai d'en indiquer les résultats.

» Composition de 1 litre d'eau :

	BOUVINES	LISIÈRES
» Carbonate neutre de chaux	0.24000	0.29500
» Carbonate neutre de ma- » gnésie	0.00300	0.00500
» Sulfate de chaux hydraté	0.07200	0.03000
» Phosphate de chaux trib.	Traces	0.01150
» Chlorure de sodium	0.01587	0.03900

» Sulfate de soude	0.03312	0.02188
» Azotate de soude	0.02101	0.03212
» Silice	0.00500	0.01000
» Potasse combinée	Traces	Traces plus sensibl
» Matières organiques	Traces	Traces
» Total en grammes.	0.39000	0.44500

« Conclusion. De l'analyse à laquelle elles ont été soumises, il
» résulte que ces deux eaux sont peu minéralisées (les carbo-
» nates alcalins terreux se trouvant en dissolution dans l'eau
» normale à l'état de bi-carbonates) et par suite convenables
» comme eaux potables ou eaux industrielles. Quand on évapore
« une assez grande quantité de l'eau du forage de Bouvines, le
» sulfate de chaux incruste un peu les parois de la capsule, ce
» qui se produirait aussi sur les parois des chaudières de l'in-
» dustrie ; l'eau de la source des Lisières n'a pas cet inconvénient
» mais, comme eau potable, cette dernière est inférieure à l'au-
» tre à cause de sa plus grande minéralisation et surtout de sa
» saveur marécageuse; elle est inférieure pour le lessivage, car
» elle nécessite une plus grande quantité de savon pour la pré-
» cipitation des sels alcalino-terreux qu'elle tient en dissolution.
» Fait à Lille le 4 avril 1874.

» V. Meurein,
» Chimiste. »

De cette analyse il résulte que, en prenant l'eau de Bouvines
comme type, les eaux souterraines de la vallée de la Marque
peuvent à la fois servir à l'industrie et aux besoins domestiques.

Pour l'industrie les sels calcaires sont peut-être un peu abon-
dants et le degré hydrotimétrique un peu élevé. Ces conditions
se modifieront par l'établissement même de la distribution ; par
son exposition à l'air dans les acqueducs et les réservoirs, l'eau
abandonnera une partie de l'acide carbonique des carbonates
qui perdront ainsi de leur solubilité et se déposeront dans le
trajet ; à Dijon des expériences ont prouvé à M. Darcy que la
quantité de sels ainsi neutralisés est très-appréciable. Même
comme elles se trouvent au forage les eaux à capter seraient
excellentes pour l'industrie de Roubaix, car, à part la légère
incrustation signalée par M. Meurein, leur degré hydrotimétrique étant à peine plus élevé que celui des eaux de la Lys, elles
dissoudront facilement le savon ; de son côté la teinture s'en

accommodera très bien parce que les eaux chargées de carbonate de chaux avivent le principe colorant des matières tinctoriales.

Comme eaux potables elles seront excellentes ; les aliments n'introduisent pas toujours dans l'organisme la quantité de chaux nécessaire, une bonne eau potable y supplée, aussi M. Bracoanot ayant analysé des eaux contenant les unes 0, gr. 230 et les autres 0, gr. 064 de carbonate de chaux par litre, se déclara-t-il pour les premières parce que l'excès d'acide carbonique les rend plus vives et plus digestives. On sait d'ailleurs que lorsqu'il s'agit de l'examen d'une eau potable, la science ne détermine que les principales conditions nécessaires à la qualité de cette eau et que c'est surtout au goût à prononcer :

Sous ce rapport il est difficile de trouver une eau plus belle, plus limpide et, surtout, plus agréable à boire que celle qui est fournie par la nappe souterraine qui nous occupe.

Si l'on compare ces eaux à celles de la distribution de Lille, on reconnaît que, légèrement inférieures comme eaux industrielles, elles leur sont supérieures comme eaux potables; voici le tableau comparatif :

	SOURCES d'Emmerin.	FORAGE d'Emmerin.	SOURCES de SECLIN	FORAGE de BOUVINES
Carbonates de chaux et de magnésie	0.2937	0.3036	0.2666	0.2430
Sulfate de chaux . . .	0.0159	0.0176	0.0176	0.0720
Sulfate de magnésie . .	0.0085	0.0170	0 0179	»
Chlorure de magnésium.	0.0650	0.0480	0.0320	»
Chlorures de sodium et de potassium	0.0074	0.0070	0.0031	0.0159
Sulfate et Azotate de soude	»	»	»	0.0541
Silice, Alumine, Phosphate de chaux, Oxyde de fer, Matières organiques, etc.	0.0120	0.0123	0.0078	0.0150
Totaux. . . .	0.4025	0.4055	0.3450	0.3900

Plus chargée de sulfate que les eaux de Lille, l'eau de Bouvines est légèrement plus dure et dissout, par conséquent, un peu moins bien le savon, mais, possédant moins de chlorures, lesquels, loin de calmer la soif, l'éveillent, elle constituera une boisson plus saine et plus agréable. En somme leur différence de constitution est peu sensible et peut-être que l'analyse de plusieurs échantillons rendrait cette différence encore moins appréciable, aussi peut-on affirmer, avec quelque certitude, que, sous le rapport de la qualité des eaux, la distribution de Roubaix serait comparable à celle de Lille.

Aucune analyse de l'eau de la Marque n'a été faite; il serait donc difficile d'établir sa valeur comme eau industrielle; d'ailleur les résultats qui seraient obtenus maintenant différeraient notablement de ceux que l'on obtiendrait après le desséchement de la Marque, au moins quant à l'odeur marécageuse et quant à la teneur en matières organiques; il est certain, cependant, qu'elle serait supérieure à l'eau souterraine, pour les usages industriels parce que, sur son parcours et par son exposition à l'air, elle perdrait une certaine quantité des sels terreux dont elle est chargée et verrait en conséquence baisser son degré hydrotimétrique dans une bonne proportion.

Les eaux souterraines et les eaux de rivière de la vallée de la Marque remplissent donc les conditions nécessaires pour servir à une double distribution d'eaux potables et d'eaux industrielles.

23. Craintes sur l'épuisement des nappes. — Certains journaux de Lille et de Roubaix ont essayé de jeter l'alarme sur la précarité des nappes souterraines; ils n'apportaient aucune raison, mais ils paraissaient insinuer que, Dieu ayant créé ces nappes, il lui était loisible de les faire disparaître. Salomon en eût souri il y a trois mille ans, lorsqu'il écrivait (Ecclésiaste, chap. I.) :

« 4. — Une génération passe et l'autre génération vient; mais la terre demeure toujours.

» 7. — Tous les fleuves vont en la mer, et la mer n'en est point remplie : ils retournent aux lieux dont ils sont venus pour revenir toujours. »

Voulant affirmer par là la perpétuité des phénomènes terrestres.

La science moderne et, surtout, les nombreuses expériences qui ont été faites depuis une trentaine d'années, ne sont pas moins explicites et viennent affirmer que les craintes émises sur la possibilité de l'épuisement des nappes souterraines sont on ne peut plus puériles, les faits antérieurs ne laissant aucune place à cette hypothèse. Il est facile et élémentaire de s'en rendre compte en songeant qu'il tombe chaque année, sur la surface du globe, une colonne d'eau de 1.30, tant en pluie et en neige, qu'en brouillards et en rosées; les pluviomètres, dans l'arrondissement de Lille, accusent une hauteur de 0,68, et les brouillards et les rosées apportent un contingent indéterminé, mais certainement important à cette masse d'eau déjà considérable. Où iraient ces eaux ? D'après les ingénieurs, le débit moyen de la Marque n'est que de 9,4 % du chiffre des pluies, les 90,6 % qui restent seraient-ils évaporés ? Se perdraient-ils plutôt dans les profondeurs ? Les deux suppositions sont également inadmissibles, car, nulle part, une évaporation aussi considérable ne se produit et la complète imperméabilité de la diève, qui forme la base des terrains crétacés, est une précieuse garantie de la conservation de la nappe.

Il y a plus, en général le débit augmente pendant les années qui suivent la captation; le tirage par les sources naturelles et artificielles étant augmenté par l'abaissement du point d'émergence, les filets d'eau souterrains acquièrent une plus grande vitesse aux abords de la source et, désagrégeant les matériaux qu'ils rencontrent, agrandissent les intertices dans lesquels ils circulent et permettent une action de plus en plus énergique, de plus en plus étendue de la source sur la nappe qui l'alimente. Les exemples de captation de sources sont déjà nombreux, maintenant que toutes les municipalités sages et prévoyantes mettent leur plus grand souci à alimenter les villes d'eaux pures que les nappes souterraines peuvent seules procurer. Eh bien, dans tous ces exemples, on ne trouverait pas un seul cas où les sources ont diminué de débit : à Dijon, à Valenciennes, à Lille et dans beaucoup d'autres villes, le résultat a été concluant : partout les sources ont augmenté dans une proportion notable !

Aux bruits pessimistes mis en circulation par deux journaux de Lille, et exploités à Roubaix pour combattre notre projet, l'extrait suivant d'un travail sur la distribution d'eau de Lille répondra suffisamment; il n'a pas été fait exprès pour la circonstance et met à néant les bruits répandus par des personnes ou mal informées ou malveillantes :

« Sur cette longueur totale de 1,135 mètres, la craie fendillée » aquifère n'est guère traversée que sur 350 mètres, et pour» tant le volume amené par le collecteur au réservoir inférieur » est presque double de celui des deux anciennes sources. En » outre le réservoir inférieur est établi de manière à opérer lui» même un drainage puissant dans la craie aquifère, où il est » complètement logé, et le résultat final des travaux a procuré » un volume égal à deux fois et demie celui des sources qui » émergeaient à la surface, au lieu de 5,000 mètres cubes espé» rés au plus bas étiage, on en a recueilli et l'on en distribue » 12,500 mètres cubes. En 1874 on captera une nouvelle source, » celle de la Cressonnière, dont l'aqueduc de prise d'eau aura » une longueur de 1,225 mètres et viendra s'embrancher sur la » partie exécutée du collecteur.

» A Lille comme à Valenciennes, où la distribution d'eau a été » exécutée dans des conditions semblables, le débit s'accroît no» tablement chaque année, parce que les eaux de drainage ar» rivent plus facilement au fur et à mesure que leur passage » continu dégage mieux les interstices de la craie aquifère, des » petits débris formant obstruction partielle ; ainsi, au début, on » n'avait à Lille que 11,000 mètres cubes à l'étiage, et deux ans » après on arrivait à 12,000 mètres; en 1873 on a atteint 12,500 » mètres cubes. » (*Nouvelles annales de la construction.* — Février 1874.)

En ce moment encore, pendant cet été d'une sécheresse exceptionnelle, le débit journalier est de 13,000 mètres cubes; les plaintes des industriels ne prouvent donc qu'une chose : c'est que les besoins de la consommation augmentent plus rapidement qu'on ne l'avait supposé et qu'il y a lieu par conséquent de capter de nouvelles sources.

De leur côté les habitants d'Emmerin se plaignent de ce que l'intensité de l'épuisement fait baisser leurs puits : quoi d'étonnant à cela ? On puise sur une faible étendue la quantité d'eau qui devrait être captée sur quatre kilomètres de longueur; il n'y a rien là qui doive provoquer l'étonnement et un tel ré-

sultat devrait, au contraire, rassurer sur l'avenir de la distribution de Lille.

Or, on se sert des plaintes formulées à Lille pour dire, à Roubaix, que notre projet n'est qu'une utopie, qu'il serait désas-
treux pour la ville de se lancer dans ce que le *Propagateur*
nomme pour Lille, des « illusions, pour ne pas dire un autre
mot. » Mais le jour prochain où l'éminent ingénieur qui a fait
la distribution d'eau, à Lille, aura prouvé, par l'expérience,
que les critiques étaient aveugles, on cessera toute assimila-
tion pour dire que nous ne sommes pas dans des conditions
aussi favorables.

Il y a, en effet, entre les deux cas, une double différence; la
première, c'est que, dans la vallée de la Deûle, le niveau hydrostatique de la nappe d'eau est plus élevé, par rapport au sol,
que dans la vallée de la Marque ; aussi là les sources émergent
naturellement, elles sont tangibles à tout le monde, tandis qu'ici
elles ne se manifestent que rarement et toujours faiblement,
de sorte qu'il est plus facile d'en nier l'existence si on ne les a
point étudiées avec soin. La deuxième différence provient de la
dissemblance des terrains aquifères; ainsi, à Lille, les sources
émergent du terrain crétacé supérieur, or cette couche sédimentaire est largement crevassée, fendillée dans tous les sens, sur
toute son épaisseur; les eaux y circulent avec une facilité relative et y prennent un niveau peu différent de l'horizontale; si
l'on fait passer un aquéduc au-dessous de ce niveau, les eaux
sont captées et il s'établit, dans la nappe, une double pente vers
l'aquéduc, la surface s'abaissant d'autant plus que le tirage
est plus actif; c'est là le cas de Lille : ses épuisements sur
un faible parcours abaissent rapidement la partie supérieure
de la couche aquifère au détriment des habitations situées
dans la zone d'activité de la captation ; une conduite prolon-
gée ferait diminuer la vitesse dans l'aquéduc et, pour une
quantité égale d'eau enlevée, ferait notablement élever le niveau de l'eau. Tel n'est point le cas pour Roubaix : Ici, au
contraire, notre réserve aquifère se trouve dans le terrain
crétacé inférieur, immédiatement au-dessus des dièves com-
pactes et imperméables, d'une puissance moyenne de douze
mètres, qui précèdent le calcaire bleu. Nos eaux parcourent les
fissures étroites et nombreuses qui sillonnent les marnes cal-

caires ; celles-ci sont elles-mêmes partagées en divers étages,
les unes moyennement perméables ; les autres à peine perméables, l'écoulement y est long, l'ascension difficile, de là la fai-
blesse relative de la progression du débit lorsqu'on abaisse le
niveau d'émergence; c'est une cause d'infériorité actuelle , mais
une double garantie pour l'avenir ; d'abord parce qu'il en résultera
une plus grande constance de débit que dans le terrain de craie ;
l'influence météorologique des saisons s'y fera à peine sentir, parce que les réservoirs superposés ne se pénétrant que lentement,
l'eau séjournera longtemps dans les couches aquifères avant
que d'émerger dans notre aqueduc de captation; c'est pour cela
qu'à Lille on n'a eu qu'à traverser les terrains de craie pour
prendre la partie supérieure du niveau de l'eau, tandis que nous
avons supposé des forages, qui mettront en communication avec
notre aqueduc les trois ou quatre couches aquifères échelonnées
dans les marnes.

Ensuite parce que, les interstices étant plus étroits, la dégra-
dation que causera chaque filet d'eau sollicité par un forage y
aura une influence proportionnelle plus considérable sur leur
section et qu'ainsi la progression annuelle du rendement de la
distribution sera plus forte jusqu'à ce que l'équilibre y soit établi.
L'infériorité apparente constitue donc, comme   on le voit ,
une supériorité réelle ; seulement, comme l'aqueduc devra nécessairement être établi le plus bas possible, sous une plus
grande épaisseur de terre qu'à Lille, il en résultera une plus
grande dépense de premier établissement de ce travail : là est la
seule infériorité ; le prix de l'eau en sera légèrement affecté, non
l'abondance et c'est l'essentiel.

Les craintes émises n'ont donc aucune valeur ; nées de l'ignorance, propagées par la haine et la mauvaise foi, le plus simple
examen suffit pour les mettre à néant. En résumé les conditions
géologiques de la vallée de la Marque sont favorables à la captation des eaux souterraines, la nappe existe, chacun peut la voir
avec un peu de bonne volonté, les expériences faites en des endroits qu'aucun aspect extérieur ne désignait spécialement, ont
donné de brillants résultats, les épuisements qui y ont été tentés n'abaissaient qu'insensiblement la nappe et l'action ne s'en
faisait sentir qu'à une faible distance, la loi de la progression
des débits par l'abaissement du niveau d'émergence y a été cons-

tatée, démontrant ainsi que la nappe trouvée n'est pas stagnante : quelles autres preuves demande-t-on ? Les terrains alimentateurs de la nappe sont plus perméables qu'ailleurs, elle-même repose sur une couche sédimentaire absolument imperméable, d'un autre côté les phénomènes météorologiques ont une intensité connue, aussi considérable que dans les autres pays où se captent des eaux, et la chaleur solaire n'y a rien d'exceptionnellement favorable à l'évaporation : quelles conditions de réussite peut-on exiger de plus ?

Donc les eaux existent, elles sont facilement captables, Roubaix en a le besoin le plus urgent, le mieux démontré et à moins qu'un miracle ne les fasse disparaître ou que nos édiles ne se mettent les poings fermés sur les yeux et sur les oreilles, l'alimentation que nous avons étudiée se fera : le mauvais vouloir et l'entêtement des administrateurs passent, parce que les personnalités sont fugitives, tandis que les intérêts et les besoins d'une ville restent, parce que les associations d'hommes ont un caractère de durée que ne peuvent posséder les individus. Aussi les intérêts personnels peuvent dominer parfois, mais, on peut se rassurer, l'intérêt général et l'aspiration des masses vers le bien-être sont irrésistibles et ils finissent toujours par prévaloir. Aussi nous avons besoin d'eau, or, cette eau existe, donc nous aurons cette eau, quoiqu'en aient dit, dans leur égoïsme, ceux qui ont employé les moyens les moins avouables pour qu'il n'en soit point ainsi : L'avenir est à tous, et non à un seul !

21. — **Importance de la distribution.** — Au chapitre 4, en recherchant les quantités d'eau nécessaires à l'alimentation de Roubaix, dans le présent et dans l'avenir, comme nous n'avions pas encore établi la richesse en eaux de la vallée de la Marque, nous comptions sur toutes les ressources : Puits et citernes, eaux de la Lys, canal, forages ; mais nous pensons que si les ressources extérieures sont abondantes, il y a tout à gagner, au point de vue de la salubrité, à abandonner les ressources intérieures, à l'exception des forages. Les puits ne nous donneront qu'une eau de plus en plus corrompue ; les eaux de citernes ont lavé les toits en sorte qu'elles sont très impures et se putréfient rapidement, il y aurait donc avantage à les faire écouler dans les égouts, qu'elles nettoieraient ; l'état de l'eau de la Lys ne peut que s'aggraver ; enfin il y aurait avantage à ne pas su-

bordonner les nécessités de l'industrie à l'alimentation du canal,
et réciproquement. On peut admettre que ces ressources peuvent être abandonnées dans dix ans afin d'éviter les change-
ments brusques, de sorte que le tableau du chapitre 4 doit être
ainsi modifié :

	Maintenant	100,000 hab. (1882)	150,000 hab. (1896)	300,000 hab. (1919)
1º Besoins .	36.000	36.000	54.000	108.000
2º Ressources	19.646	8.000	10.000	15.000
Déficits. .	16.354	28.000	44.000	93.000

Or, nous avons vu que nous pouvions disposer, au minimum :
1º En eaux souterraines de   95,000 mètres cubes
2º En eaux de rivière de   80,000   »

Nous pourrions donc négliger l'assainissement des marais qui
nous donnerait l'eau de rivière et ne penser qu'aux eaux souterraines dont la quantité suffirait pour l'agrandissement-limite
de Roubaix, mais tel n'est point notre avis, pour les raisons
que nous allons développer :

Dans le cas fort probable où l'industrie de la laine prendrait
à Roubaix une grande extension au détriment des autres, il
serait nécessaire d'amener une énorme quantité d'eau au meilleur marché possible ; alors l'eau de la Marque remplirait parfaitement le but et donnerait satisfaction à cette industrie si
intéressante.

Il est fort probable que le mouvement industriel de Roubaix
s'étendra au territoire de ses cantons, à Croix et à Wattrelos ;
Lannoy et Lys pourraient même y participer ; il serait alors de
l'intérêt bien entendu de Roubaix de leur en faciliter les moyens
en fournissant à ces communes les eaux nécessaires pour y parvenir, puisque toute l'activité commerciale qui résulterait de
cette extension serait certainement centralisée à Roubaix. Dans
le même ordre d'idées. Tourcoing pourrait demander à participer aux bienfaits d'une double distribution, préférable, sous

tous les rapports , à la malencontreuse distribution d'eau de la Lys, et notre conviction intime est qu'il faudrait encourager ce mouvement éminemment propre à accroître l'importance et les profits de la grande agglomération industrielle , qui gagnerait ainsi en unité et en puissance.

Ceci dit , voici comment nous pensons qu'il serait le plus profitable de concevoir la distribution :

Ne rien prendre à la Marque jusqu'à ce que les eaux souterraines captées jusqu'à Bouvines suffisent aux besoins , c'est-à-dire pendant les trois phases de la distribution, où il faudra 16,000, 28,000 et 44.000 mètres cubes d'eau, la dernière limite correspondant précisément à la quantité que nous avons dit devoir être fournie par la canalisation conduite jusqu'à Bouvines. Jusque-là il y aurait mélange entre les eaux industrielles et les eaux potables, et, par conséquent , les réservoirs seraient couverts et il y aurait une canalisation urbaine unique.

Lorsque la consommation dépasserait 45,000 mètres cubes, les eaux de la Marque, transformée en grande rigole de desséchement , seraient élevées dans un réservoir découvert et distribuées au moyen d'une canalisation spécialement affectée aux usages industriels, le nombre de pompes et l'étendue du réservoir augmentant successivement avec l'extension de l'industrie.

Ainsi seraient satisfaits tous les besoins, ainsi serait prévu le prodigieux accroissement dont est susceptible notre centre manufacturier. Ce n'est, d'ailleurs, que par cet esprit de prévoyance que la fortune de Roubaix peut continuer à suivre la progression , au sommet de laquelle nous nous trouvons, et nous n'hésitons pas à dire que tous les hommes sages et véritablement passionnés pour l'intérêt et pour le bien être de notre localité n'hésiteront pas à le reconnaître. Seuls, des hommes animés par l'intérêt personnel continueront leur rôle de détracteurs et chercheront à combattre notre projet en faisant intervenir dans la discussion des passions qu'elle ne comporte point; or, la politique et les questions personnelles n'ont rien à voir dans l'objet qui nous occupe : dégagé de ces mesquines rivalités, nous avons poursuivi la recherche de l'utilité générale , nous croyons l'avoir rencontrée ; une administration impartiale a encouragé nos efforts, ou, plutôt, s'y est associée, faisant généreusement l'œuvre sienne et s'y dévouant avec l'intelligence que tous se sont plus à lui reconnaître ; dès lors, nous attendrons avec sérénité le jugement de l'opinion publique, qui, à son tour, prendra l'œuvre sous sa haute protection et saura, dès lors, la faire prévaloir.

25. — **Description sommaire des ouvrages.** — Dans cette description nous supposerons l'alimentation complète, utilisant les eaux dont nous avons constaté l'existence, puis nous diviserons ensuite le travail afin d'arriver au prix de revient des eaux aux différentes phases de la distribution.

Dans le bas de Hem, sur le bord de la petite Marque, à 400^m sud du village, un réservoir inférieur d'une capacité 50.000 mètres cubes est divisé en quatre compartiments égaux ; deux d'entre eux reçoivent les eaux potables, les deux autres les eaux industrielles; le radier est à la cote 17.50, c'est-à-dire 5^{m}50 au-dessous du niveau du sol, l'eau s'y étale à la cote de 20.50, ayant conséquemment 3^m de profondeur; des pilastres en quinconce, espacés de 5^m en 5^m supportent les voûtes des deux premiers que recouvre un remblai de 1 mètre d'épaisseur. Les eaux surabondantes s'écoulent par un large déversoir, dont le seuil est à la cote de 20.50; une rigole à ciel ouvert les transporte en aval du moulin de l'Empempont.

Les eaux potables arrivent dans leur réservoir spécial par un aqueduc dont la pente est uniformément fixée à 0.40 par kilomètre ; au point d'arrivée son radier est à la cote 19.00, son intrados à la cote 20.50; il a donc 1.50 de hauteur; sa largeur est de 1^m 20; sa forme est simple : elle est composée de deux demi-cercles de 0.60 de rayon, séparés, à leurs diamètres, par un rectangle de 0.30 de hauteur. Dans les conditions où il se trouve il peut être amené à débiter à plein ; dans ce cas, comme on a P. = 4.06, I. = 0.0004 et S. = 1.488, R devient :

$$R = \frac{S}{P} = \frac{1.488}{4.06} = 0.3665$$

d'où l'on aurait la valeur de v, par l'application de la formule

$$v = \sqrt{\frac{RI}{A}} = \sqrt{\frac{0,3665 \times 0,0004}{0,000163}} = \sqrt{0,8994} = 0,948$$

de sorte que l'aqueduc serait susceptible de débiter, ayant des parois lisses : 1 mètre cube 411 par seconde ou 121.910 mètres cubes par jour, s'il était rectangulaire ; mais comme, suivant Dupuit, ces mêmes quantités doivent être affectées du cœfficient 1.15 pour les aqueducs à parois circulaires, on a, pour les quantités réelles, 1 mètre cube 623 par seconde et 140.197 mètres cubes par jour. Cet ouvrage donnera satisfaction aux plus larges prévisions de l'avenir. Sa longueur totale, jusqu'au pont de l'Anneau, est de 2.500 mètres ; à cette extrémité son radier est à la cote 20.00. Un bassin couvert, de 5 mètres de diamètre, le termine; le radier en est à la cote 19.50; il est destiné non seulement à rendre facile la rencontre du branchement du Daru avec le collecteur, mais encore à recevoir les dépôts qui ne peuvent manquer de se former par suite de la neutralisation d'une partie des sels contenus dans les eaux captées.

Le branchement du Daru a son radier élevé de 0.25 au-dessus de celui du collecteur, sa pente est la même, c'est-à-dire 0.40 par kilomètre ; sa largeur est de 0.80, sa hauteur de 1.00; deux demi-cercles de 0.40 de rayon, séparés par un rectangle de 0.20 de hauteur, le composent ; à l'arrivée dans le bassin le radier es à la cote de 20.25; à la fontaine des Lisières, située à 1.500 mètres, il est à la cote 20.85 ; enfin, au Daru, à 2.000 mètres, il est à la cote 21.05; les cotes du sol, à ces différents points, sont respectivement 24.00, 24.50, 26. En appliquant la même formule ce

$$v = \sqrt{\frac{R\ I}{A}},$$

branchement serait susceptible de débiter : dans le cas de plein écoulement, avec 1.00 de hauteur d'eau, 49.183 mètres cubes par jour; avec 0.70 d'eau, 41.333 mètres cubes ; enfin, avec 0.46 de hauteur d'eau, 16.990 mètres cubes par jour.

A partir de ce premier bassin l'aqueduc collecteur voit diminuer ses dimensions qui restent uniformes jusqu'à Bouvines. Sa hauteur est de 1.20, sa largeur 1.00; dans ces conditions, la pente restant toujours fixée à 0.40 par kilomètre, les débits deviennent : à plein 80.184 mètres cubes par jour, avec 0.80 d'eau 60.809 mètres cubes, avec 0.50 d'eau 30.106 mètres cubes. Là encore il sera donc plus que suffisant.

La première partie s'arrête au Marais, avant la traversée du chemin de fer, à 4.000 mètres du réservoir inférieur; à ce point, qui paraît être un thalweg de la diève, est un large bassin couvert, de 10 mètres de diamètre, ayant pour radier naturel les marnes calcaires dans lesquelles il exerce un tirage énergique au moyen de plusieurs forages plongeant jusqu'à la diève ; là le radier du collecteur est à la cote 20.60 C'est dans ce bassin que viendrait aboutir le branchement non-étudié d'Annappes.

Le pont de Tressin est rencontré à 5,500 mètres des réservoirs inférieurs, le radier y est à la cote 21. 20, tandis que l'eau de la Marque (actuelle) y est à la cote 23.52. Là l'aqueduc est entièrement noyé dans la craie, qu'il traversera ainsi jusqu'à Bouvines. A 7.500 mètres est Gruson, le radier atteint la cote 22.00 tandis que le terrain est à 27,00. A 9,000 mèt. l'aqueduc arrive au droit de Saïnghin, son radier est alors à la cote 22,60 ; là est un bassin plongeant dans les marnes ; il reçoit le branchement de Saïnghin.

Ce branchement a trois kilomètres de longueur, sa forme, sa section et sa pente sont les mêmes qu'à celui du Daru ; à l'arrivée dans le bassin son radier est à la cote 22.85, à son point de départ dans Saïnghin cette cote est à 23 85 ; il passe sous le lit de la Marque au moyen d'un syphon à peine sensible.

Le collecteur aboutit à Bouvines à 9,500 mètres des réservoirs ; là sa cote est à 22,80, celle du sol étant de 27.00

Sur le collecteur entre le Pont-de-l'Anneau et Bouvines, sur les branchements du Daru et de Saïnghin, de nombreux forages, creusés de 10 en 10 mètres, plongent à travers les différentes couches marneuses et y déterminent un appel énergique des eaux. A Gruson, sur 400 mètres de longueur, le collecteur traverse des terrains d'alluvion ; il n'y aura là ni forages ni sarbacanes, mais de petits branchements contourneront le coteau afin de capter les nombreuses petites sources qui sourdent dans le village.

Les eaux industrielles sont amenées dans leurs bassins spéciaux par la Marque ; au moyen de l'achat du Moulin de l'Empempont, le lit est creusé et la pente rectifiée, les marais en sont assainis et les eaux croupissantes et malsaines, donnant naissance aux brouillards délétères et aux fièvres endémiques, soumises alors à une évaporation très-intense, coulent maintenant sans causer aucun dommage ; son arrivée d'étiage à l'Empempont, grâce à la suppression de la chute du moulin, est à la cote 20,50 ; à 2.000 mètres en amont est le grand coude du château d'Hem : un barrage y est établi à la cote 21.00 ; immédiatement en amont de ce barrage est une dérivation qui conduit les eaux dans leurs réservoirs où le niveau de l'eau sera établi à la cote 21.10. A 6.500 mètres est le pont à Tressin, dont la cote 23.52 est ramenée à la cote 22.45. A 19.500 mètres est le pont de Bouvines dont la cote d'étiage 25.07 est ramenée à 23.65, permettant ainsi le tirage des eaux des marais de Fretin dont le seuil de Bouvines est le principal obstacle à l'écoulement. Sa pente uniforme est de 0.30 par kilomètre.

Les réservoirs supérieurs d'arrivée sont établis sur la hauteur des Trois-Baudets, dont le point culminant est à la cote 53.00. Le radier en est à la cote 52.00 et il y a 8 mètres d'eau, de sorte que le plan supérieur est à la cote 60.00. L'eau, dans les réservoirs inférieurs étant à 21.10 pour l'eau industrielle et à 20.50 pour l'eau potable, celle-ci descendant souvent à la cote 20.00, le refoulement direct aurait une hauteur de 40.00 mètres. La conduite ascensionnelle des eaux potables étant formée de deux tuyaux de 0.60 de diamètre, le cube des eaux élevées de 44,000 mètres par jour, chacun des tuyaux aura à élever 255 litres par seconde, ce qui correspond à une vitesse de 0.90 et à une perte de charge de 0.002 par mètre, soit, pour une longueur de conduite de 2.000 mètres, une perte de 4 mètres, en sorte qu'en réalité la puissance d'ascension est de 44 mètres.

La force en chevaux-vapeur, nécessaire pour enlever 510 litres par seconde, représentant 44.000 mètres cubes par jour, à 44 m. de hauteur, est donnée par la formule :

$$\frac{510 \times 44}{75} = 299.2$$

Soit une force de 300 chevaux-vapeur. Elle est donnée par 6 machines de 50 chevaux chacune ; pour les différentes phases on a, successivement, 2, 4, 6 machines, élevant 16, 28 et 44.000 mètres cubes ; il y aurait toujours une machine de secours, de sorte qu'aux diverses phases le nombre des machines serait de 3, 5, 7.

La conduite ascensionnelle des eaux industrielles est également composée de deux tuyaux de 0.60 de diamètre ; le cube des eaux à élever étant de 50,000 mètres cubes par jour, chacun des tuyaux aurait à débiter 289 litres par seconde, refoulés à une hauteur de 60 — 21.1 = 38.9 ; la vitesse y serait de 1.025 et la perte de charge de 0 0025 par mètre, soit, pour une longueur de 2.000 mètres, une perte de 5.00 ; ici encore la puissance d'ascension est donc de 41 mètres et la force est donnée par l'équation :

$$\frac{578 \times 41}{75} = 339.1$$

Soit, en nombre rond, 350 chevaux-vapeur, ce qui, avec la machine de secours, demande 8 machines de 50 chevaux.

Le bâtiment des machines est installé latéralement aux réservoirs inférieurs et les conduites ascensionnelles dirigées en ligne droite vers le sommet de la colline des Trois-Baudets, la plus élevée de celles qui nous entourent.

Dans la description topographique de Roubaix, nous avons vu que deux vallées principales, flanquées de deux vallées de moindre importance, s'en partagent le territoire; il en résulte nécessairement trois lignes de faîte; les points culminants de ces faîtes se trouvent presque en ligne droite aux Trois-Baudets, à Barbieux et au Fontenoy, distants les uns des autres de 2 kilomètres, en sorte que la distance entre le premier et le dernier est de 4 kil.; ces sommets, situés à l'extrémité ouest du territoire, sont à des cotes, dans l'ordre, de 53, 51 et 49 mètres au-dessus du niveau de la mer; à partir de ces points les lignes de faîte s'infléchissent vers l'est pour se raccorder avec la vallée, à l'autre extrémité du territoire. Cette disposition commande le mode de distribution :

Trois réservoirs sont établis aux points désignés, c'est-à-dire aux Trois-Baudets, à Barbieux et au Fontenoy ; ils sont à la même altitude de 52.00 pour le fond et 60.00 pour le niveau supérieur des eaux; dans chacun d'eux deux compartiments sont couverts afin d'y recevoir les eaux potables; deux autres, plus grands, reçoivent les eaux industrielles et sont à découvert. Ils sont reliés entr'eux par quatre tuyaux, dont deux pour chacune des espèces d'eaux; ils ont 0.60 de diamètre et siphonnent du premier au deuxième réservoir et de celui-ci au troisième. Cette disposition est très-avantageuse : les conduites distribuant peu la nuit, à moins d'incendie très-violent, les réservoirs s'alimentent et l'équilibre s'y établit; il en résulte, on le comprend, une énorme diminution de la perte de charge et, dans aucun cas, les réparations de conduites ne peuvent entraîner le moindre arrêt, surtout si la capacité totale des réservoirs est supérieure à la quantité d'eau utilisée chaque jour.

Le réservoir supérieur des Trois-Baudets a les dimensions les plus grandes; il est en maçonnerie; les deux compartiments destinés aux eaux potables mesurent ensemble 75 mètres sur 40 donnant une capacité de 24,000 mètres; il est couvert par des voûtes en briques, supportées par des pilastres et recouvertes d'une couche de terre destinée à entretenir la fraîcheur dans l'intérieur. Les deux compartiments contenant les eaux industrielles mesurent ensemble 75 mètres sur 75 mètres et ont une capacité de 45,000 mètres, égale au cube d'eau qui y est journellement déversé; ils sont à découvert.

Les murs extérieurs et les murs de refend sont semblables de façon à ce que les compartiments puissent être séparément vidés pour les réparations. Les fondations sont consolidées par des puits maçonnés et remplis de béton pénétrant jusque dans l'argile d'Ypres, à 5 mètres au-dessous du sol.

Les réservoirs secondaires de Barbieux et du Fontenoy sont semblables; leurs dispositions sont identiques à celles du réservoir des Trois-Baudets, mais leur capacité est de moitié moindre en sorte que chacun d'eux contient 12,000 mètres d'eau potable et 22,500 mètres cubes d'eau industrielle.

On aura ainsi pour les trois réservoirs :

	EAU	
	Potable.	Industr.
Réservoir des Trois-Baudets	24.000	45.000
— de Barbieux	12.000	22.500
— du Fontenoy	12.000	22.500
Totaux	48.000	90.000

C'est-à-dire un approvisionnement un peu supérieur à une journée pour les eaux potables et à deux journées pour les eaux industrielles.

La canalisation intérieure a ses principaux émissaires sur les lignes de faîte, partant des trois réservoirs, et dans les deux vallées de la Potennerie et du Trichon, aux points bas des syphons où se trouvent des cuves de distribution.

26. — Estimation des ouvrages. — 1° *Réservoir inférieur* — La partie couverte peut-être établie avec 15 fr. du mètre cube d'eau emmagasinée, soit pour 2,500 mètres, 37,500 fr. La partie découverte, seulement perreyée avec des revêtements maçonnés ne coûterait que 15,000 fr.

2° *Collecteur.* — Prix pour un mètre courant de la première partie :

Indemnité tréfoncière sur 4 m. de largeur, à raison de
    2,000 fr. l'hectare. 0.80
Indemnité pour perte de culture et dommages divers,
    dans les terrains traversés. 0.20
Déblai, transport au dépôt provisoire, reprise, régalage,
    pilonnage, etc., 8 mc à 1,50. . . . . 12.00
Maçonnerie de briques, 1 mc 40 à 20,00. . . . . 28.00
Enduit intérieur au ciment, sur 0.02, 4.06 à 3,00. . . 12.18
Chape au mortier hydraulique, 2mq à 1,25. . . . 2.50
Cintres, étrésillons. 4.32

                          Total. . . . 60.00

Prix pour un mètre courant de la 2e partie :
Indemnité tréfoncière et dommages divers, comme ci-
    dessus 1.00
Déblai, transports, remaniements, etc. ; 7 fr. 50 à 1 50 . 11.25
Maçonnerie de briques, 0m 94 à 20 fr. 18.80
Enduit intérieur au ciment, sur 0.02, 3m 54 à 3 fr. . . 10.62
Chape au mortier hydraulique, 1m 75 à 1 fr. 25 . . 2.19
Forages, 1/10e par mètre, à 25 fr. l'un 2.50
Cintres, étrésillons, frais divers 3.64

                          Total 50.00

3° *Branchements.* — Prix d'un mètre courant de branchement.
Indemnité tréfoncière et dommages divers comme ci-

dessus 1.00
Déblai, transports, remaniements, etc. 7ᵐ à 1fr. 50. . 10.50
Maçonnerie de briques, 0ᵐ 80 à 20 fr. 16.00
Enduit intérieur au ciment, sur 0.02, 2ᵐ 92 à 3 fr. . 8.76
Chape au mortier hydraulique, 1.50 à 1 fr. 25 . . . 1.88
Forages, 1 10ᵉ par mètre, à 25 fr. l'un 2.50
Cintres, étrésillons, frais divers 4.36

                    Total. 45.00

4° Machines. — Prix pour une machine :
Une machine de 50 chevaux, à raison de
   50 fr. par cheval. . . . . 25.000 f. ⎫
Générateur . . . . 8.000 ⎬ 48.000 f.
Pompe Girard . . . . 15.000 ⎭

Accessoires, planchers, grues, escaliers,
   charpentes métalliques etc. . . . . 12.500 f. ⎫
Robinets, vannes, manivelles, etc . . . 2.500 ⎪
Bâtiments . . . . 20.000 ⎬ 50.000
Cheminée, etc., ... 5.000 ⎪
Magasins, logements . . . . 10.000 ⎭

5° Réservoirs supérieurs. — La partie couverte des réservoirs supérieurs sera établie moyennant 15 fr. par mètre cube d'eau emmagasinée ; la partie découverte, pour eaux industrielles, coûtera 10 fr.

6° Conduites ascensionnelles. — Chacune des quatre conduites ascensionnelles peut-être construite à raison de 80 fr. le mètre courant.

Ces prix étant donnés nous allons examiner qu'elles seraient les dépenses de premier établissement pour chacune des quatre phases supposées, en faisant observer que, dans la pratique, les augmentations seraient successives et ne procéderaient pas par sauts comme nous sommes obligé de le faire pour établir des chiffres.

Nous évitons volontairement les économies qui peuvent être réalisées pendant l'exécution par un judicieux emploi des ressources locales, soit par la fabrication des briques sur place, soit par celle bien plus importante de la chaux hydraulique que l'on pourrait obtenir avec les marnes crétacées après essais.

27 — Dépenses pour la première phase. — Pendant cette première phase la distribution est faite pour 15.000 mètres cubes ;

le collecteur est construit jusqu'au bassin du Marais, il n'y a que la moitié de la partie couverte du réservoir inférieur, trois machines sont installées, une seule conduite ascensionnelle, la moitié de la partie couverte des réservoirs supérieurs et une seule conduite reliant ceux-ci, voilà à quoi se borne l'installation.

Dans ces conditions, voici quelle serait la dépense de premier établissement :

Réservoir inférieur, pour 1,250 m. cubes, à 15 fr.	18.750 fr
Collecteur : 1re partie, 2,500 mètres à 60 fr.	150.000
— 2e partie, 1,500 — à 50 fr.	75.000
Bassin terminal, avec pavillon	15.000
Bassin du pont de l'Anneau	5.000
Machines, pompes, bâtiments ; 3 à 98,000 fr.	294.000
Réservoir des Trois-Baudets ; 12,000 m. c. à 15 fr.	180.000
— de Barbieux ; 6,000 m. c. à 15 fr.	90.000
— de Fontenoy ; 6,000 m. c. à 15 fr.	90.000
Conduite ascensionnelle, 2,000 à 80 fr.	160.000
Conduite reliant les réservoirs, 4,000 m. à 80 fr.	320.000
Emissaires (D. — 0,40), 6,000 à 48 fr.	288.000
Terrains pour réservoirs, machines, etc., 4 hect. à 20,000 fr.	80.000
Journées d'hommes et de machines pour épuisements, étrésillonnements, etc.	80.000
Robinetterie et fontainerie.	150.000
Petite canalisation.	1.000.000
Somme à valoir.	1.250
Total.	3.000.000

28. — **Dépenses pour la 2e phase.** — Pendant cette 2e phase, qui devra commencer avant dix ans, on distribue 28,000 mètres cubes ; le collecteur est construit jusqu'au pont à Tressin ; le branchement du Daru est établi. Le réservoir inférieur est resté ce qu'il était pendant la première phase, mais on a installé deux autres machines et la seconde conduite ascensionnelle ; enfin, le réservoir des Trois-Baudets a été doublé, ainsi que la conduite qui le relie aux autres ; les émissaires primitifs suffisent encore, mais la petite canalisation a été doublée.

Voici alors ce que devient la dépense de premier établissement :

Collecteur, sur 1500 mètres à 50 fr.   75,000 fr.
Branchement du Daru, 2000 mètres, à 45 fr.   90,000 »
Machines, pompes, bâtiments, 2 à 98,000 fr.   196,000 »
Réservoirs des Trois-Baudets; 12,000 mètres à 15 fr 180,000 »
Conduite ascensionnelle; 2000 mètres à 80 fr.   160,000 »
Conduite reliant les réservoirs, 4000 mètres à 80 fr. 320,000 »
Machines d'épuisements, étrésillonnements, etc.   70,000 »
Robinetterie et Fontainerie   100,000 »
Petite canalisation.   800,000 »
Somme à valoir.   9,000 »

                         Total   2,000,000 »
            Report de la première phase   3,000,000 »

                    Dépense totale   5,000,000 »

29. — Dépenses pendant la troisième phase. — Alors la ville a 150,000 habitants et elle consomme 44,000 mètres cubes provenant des nappes souterraines de la Marque ; cette partie de la distribution, qui confond encore les eaux potables et industrielles, est complète et l'extension nécessitera soit la captation des nappes sur lesquelles nous n'avons fait aucune étude, mais dont nous avons signalé trois lignes de captation, soit, plutôt, comme nous l'avons préféré, l'élévation des eaux provenant du débit supérieur de la Marque, par suite de l'assainissement des marais. Alors le collecteur est poursuivi jusqu'à Bouvines et le branchement de Sainghin est construit. Le réservoir inférieur est doublé, ainsi que les deux réservoirs supérieurs de Barbieux et du Fontenoy ; deux nouvelles machines ont été installées, les émissaires sont augmentés de moitié et la petite canalisation a encore reçu de nombreuses additions.

Dès lors, la dépense complète de premier établissement du réseau complet devient :

Collecteur, 4,000 m. à 50 fr.   200,000 »
Branchement de Gruson; 1000 m. à 15 fr.   15,000 »
Branchement de Sainghin ; 2500 m. à 45 fr.   112,500 »
Bassins terminaux de Bouvines et de Sainghin à 5000   10,000 »
Machines, pompes, bâtiments, etc.; 2 à 98,000 fr.   196,000 »
Réservoir inférieur; 1250 m. à 15 fr.   18,750 »
     —   supérieur de Barbieux ; 6000 m. à 15 fr. 90,000 »
     —   supérieur de Fontenoy ; 6000 à 15 fr.   90,000 »

Emissaires, 3,000 m à 48 fr.	144,000	»
Epuisements, étrésillonnements, etc.	100,000	»
Robinetterie et fontainerie.	150,000	»
Petite canalisation.	800,000	»
Somme à valoir p. travaux imprévus d'achèvement.	43.750	»
Total.	2,000,000	»
Report des dépenses précédentes.	5,000,000	»
Dépense totale	7,000,000	»

30. Dépense de la distribution spéciale d'eaux industrielles. — Cette alimentation journalière de 50,000 mètres cubes au moyen de la rivière la Marque pourra également se diviser en plusieurs phases, selon l'accroissement des besoins, chacune des parties de l'entreprise ayant un état d'avancement à peu près proportionnel à celui de ses besoins.

Nous supposons que les frais d'acquisition du moulin de l'Empempont et ceux occasionnés par les travaux de dessèchement des marais sont au compte de la ville de Roubaix; l'élargissement et l'approfondissement de la Marque, le creusement des rigoles collectives, etc., seraient donc faits par elle; en retour de l'amélioration considérable qu'elle aurait ainsi apporté aux propriétés, le syndicat des propriétaires prendrait l'engagement formel de n'apporter aucune atteinte à la pureté des eaux de la rivière, autre que celle résultant des habitations. De la sorte la ville serait garantie contre les inconvénients qui rendent les eaux des rivières de plus en plus impropres à l'alimentation même industrielle des villes, surtout dans le Nord. De cette façon, nous l'avons établi, Roubaix aurait la libre jouissance d'un débit journalier dépassant 80,000 mètres cubes, c'est-à-dire qu'elle pourrait étendre les bienfaits de sa distribution aux communes situées dans son rayon ndustriel, au grand profit de la centralisation des affaires sur sa place.

Nous avons vu que cette distribution se composait de réservoirs découverts, inférieurs et supérieurs, contigus à ceux de la distribution des eaux potables; les conduites ascensionnelles,

les conduites principales, les émissaires, sont semblables mais
la petite canalisation est plus simple puisqu'elle ne doit servir
qu'à l'industrie. A partir du réservoir inférieur, toutes les
dispositions sont donc les mêmes, les deux distributions étant
latérales, excepté en ce qui concerne les services publics et la
fourniture d'eau aux particuliers, c'est-à-dire dans les détails
accessoires de la canalisation.

Ainsi comprise cette alimentation coûterait :

Achat du moulin de l'Empempont, travaux de la
   Marque . . . . 300,000 fr

Réservoirs inférieurs 15,000

Machines, pompes, bâtiments, etc. — 8 à 98,000 fr. 784,000

Conduites ascensionnelles ; 4,000ᵐ à 80 fr. . . 320,000

Réservoir des Trois-Baudets ; 15,000ᵐ à 10 fr. . . 150,000

   —   de Barbieux ; 24,500 à 10 fr. . . . 245,000

   —   du Fontenoy ; 24,500 à 10 fr. . . . 245,000

Conduites reliant les réservoirs ; 8,000 à 80 fr. . . 640,000

Émissaires, 10,000ᵐ à 48 fr. 480,000

Robinetterie, fontainerie, petite canalisation. . . 1,300,000

Somme à valoir pour travaux imprévus. . . . 221,000

        Total . . . . . 5,000,000 fr

34. — Prix de revient des eaux. — Le prix de revient du mètre
cube d'eau est déterminé, pour chacune des quatre phases que
nous venons d'examiner, par le tableau suivant qui donne les
dépenses annuelles et les quantités d'eau distribuées :

DÉPENSES ANNUELLES	1re phase	2e phase	3e phase	Eaux industrielles.	OBSERVATIONS
Intérêt à 6 0/0 du capital de 1er établissement	180 000	300 000	420 000	300 000	(1) 100 ch. $\times$ 24 h. $\times$ 365 j. $\times$ 2 k. $\times$ 0·03.
Amortissement et entretien des machines à raison de 5 0/0	7 500	12 500	17 500	20 000	(2) 190 $\times$ 24 $\times$ 365 $\times$ 2 $\times$ 0·03.
Personnel	6 000	8 000	10 000	5 000	
Mécaniciens, Chauffeurs, etc.	8 000	12 000	15 000	15 000	(3) 300 $\times$ 24 $\times$ 365 $\times$ 2 $\times$ 0·03.
Fontainiers	6 000	8 000	10 900	6 000	
Entretien des conduites. . .	1 000	2 000	3 000	3 000	(4) 350 $\times$ 24 $\times$ 300 $\times$ 2 $\times$ 0·03.
Combustible	52 560 (1)	100 000 (2)	157 680 (3)	151 200 (4)	
Frais imprévus.	8 940	7 500	16 820	19 800	
Dépenses annuelles a. .	270 000	450 000	650 000	520 000	
Eaux distribuées 300 jours à 16, 28, 41 et 50,000m	4 800 000	8 400 000	13 200 000	15 000 000	
65 jours à 10, 15 et 20,000m env.	650 000	1 000 000	1 300 000	*	
Totaux annuels b. .	5 450 000	9 400 000	14 500 000	15 000 000	
Prix de revient. $\dfrac{a}{b}$	0 0495	0 0478	0 0448	0 0346	

32. Du tarif. — La question du tarif est fort délicate et a donné lieu aux applications les plus diverses, selon le point de vue duquel on est parti. Souvent, comme à Lille, Roubaix et Tourcoing, on a adopté le principe du prix de faveur pour les grosses fournitures d'eaux industrielles, sans songer que l'on mettait ainsi la classe si intéressante des petits fabricants dans une situation inférieure; ainsi à Roubaix celui qui emploie moins de 50 mètres par jour paie le mètre 0,14 tandis que celui qui emploie au-delà de cette quantité ne paie que 0,07. A Lille jusqu'à 2,000 mètres par an on paie 0 fr. 28, jusqu'à 10,000 mètres on paie 0,14 et au-delà, on ne paie que 0,07 centimes. L'équité de ce principe est très contestable : la captation, l'ascension et la conduite de la masse totale des eaux étant faites à frais commun, les dépenses devraient être reparties uniformément sur chaque mètre cube d'eau fournie afin de mettre tous les industriels sur le pied d'égalité vis-à-vis de la concurrence qu'ils se font entre eux. C'est d'ailleurs une variété de l'impôt inversement progressif établi sur une matière dont la nature ne varie nullement avec la quantité. Nous n'hésitons pas, en conséquence, à nous prononcer pour l'unification du tarif, d'abord en matière d'eaux industrielles.

La diversité est plus grande encore lorsqu'il s'agit des eaux potables. Plusieurs villes, en Angleterre, ont adopté la tarification proportionnelle à la valeur locative, les robinets étant libres. Ainsi à Glascow, on paie 5 °/₀ du loyer. Les résultats produits sont excellents, paraît-il, mais le principe est loin d'être juste, la valeur locative de deux maisons d'égale importance variant beaucoup d'un quartier à l'autre. A Lille, le tarif se base sur le nombre de personnes, c'est plus équitable mais ce n'est pas encore juste parce que deux maisons, habitées par un nombre égal de personnes, peuvent consommer des quantités d'eau fort inégales. Partout, aussi, on a admis que l'eau destinée aux usages domestiques doit se payer plus cher que l'eau servant à l'industrie : à Bordeaux, les concessions d'eaux industrielles se paient 3 fr. par an par hectolitre journalier et les concessions d'eaux domestiques 10 fr. pour la même quantité; cela revient à 0 fr. 082 le mètre cube dans le premier cas, et à 0,274 le mètre cube dans le scond cas. A Bruxelles les abonnements sont de 4 fr. pour les usages industriels, 5 fr. pour les usages d'agrément et

2 ou 3 % du revenu net cadastral des habitations pour usages domestiques. Toutes ces combinaisons semblent bien arbitraires. Souvent aussi, les abonnements sont trop élevés; à Toulouse, ils sont de 20 fr. par an pour un hectolitre journalier, à Paris le minimum est fixé à 75 fr., aussi les abonnements sont ils rares et les habitants mettent-ils une certaine parcimonie dans l'usage de l'eau.

D'autres villes sont tombées dans l'excès opposé : la distribution gratuite y est pratiquée largement au moyen des fontaines publiques ; il n'y a là aucun avantage puisqu'en somme c'est la ville qui paie, c'est-à-dire son octroi, c'est-à-dire la consommation et l'on sait combien cet impôt est mal établi.

Certainement le principe de l'abonnement est excellent ; il est un encouragement à l'usage abondant de l'eau et c'est la salubrité qui y gagne, enfin; il évite l'obstacle des compteurs par l'emploi des robinets libres, mais il a un grand inconvénient c'est que les habitants sont tentés d'abuser de cette liberté pendant les grandes chaleurs, et qu'alors la distribution générale peut se trouver compromise, comme cela a lieu en ce moment à Lille. Malgré les quelques avantages qu'il procure nous pensons donc qu'il vaut mieux adopter le principe du paiement proportionnel à la quantité, d'autant plus que, ainsi que cela se pratique à Lille, on est obligé de créer toute une catégorie de cas exceptionnels qui enlèvent le droit de l'abonnement.

Mais les eaux pour l'usage domestique doivent-elles se payer le même prix que les eaux pour l'usage industriel ? Nous ne le pensons pas. Si, d'un côté, le prix de l'eau doit être aussi bas que possible, dans l'intérêt de l'hygiène générale, on doit aussi éviter qu'une distribution d'eau soit onéreuse pour la ville ; or nous avons vu que les eaux distribuées à Roubaix se diviseront en trois classes :

1° Eaux nécessaires aux besoins domestiques;   1/6e de la totalité
2° Eaux pour les usages de l'industrie;   4/6e   »
3° Eaux pour les besoins publics ;   1/6e   »

et, comme il est juste que les habitants participent proportionnellement aux dépenses des services publics, il semble naturel de grever les eaux domestiques du paiement des eaux publiques ; c'est précisément la doubler de prix.

Nous avons vu que le prix de revient du mètre cube est d'un peu moins de cinq centimes pour les trois phases de distribution exclusive d'eaux souterraines, et de 3 centimes 1/2 pour les eaux de rivière. D'un autre côté les eaux de la Lys se vendent à raison de 0.07 c. On ne peut donc, au moins tant que la distribution d'eau de la Lys existera, vendre l'eau au-dessous de ce prix qui, d'ailleurs, vu la situation topographique si précaire de Roubaix, n'a rien de trop élevé. On pourrait donc s'arrêter aux prix suivants :

> Prix de l'eau industrielle   0.07 le mètre cube
>
> Prix de l'eau potable   0.15   »

Ces prix placeraient Roubaix dans une situation comparable à celle des villes les mieux favorisées.

33. Conséquences financières. — Des chapitres qui précèdent il est facile de se rendre compte des résultats de l'opération au point de vue des finances municipales ; c'est l'objet du tableau suivant ; on y remarquera que l'extension de la distribution doit donner des bénéfices de plus en plus importants, l'amortissement étant toujours censé s'opérer en 50 ans, quelle que soit l'époque à laquelle sont exécutés de nouveaux travaux ; la Ville, si elle fait l'entreprise elle-même, pourra en profiter soit pour diminuer progressivement le prix de l'eau, soit pour satisfaire de nouveaux besoins. Au bout de 50 années de chacune des phases, le capital étant amorti, ces bénéfices sont : après l'extinction de la 1re phase, 212,250 fr. ; après la 2e, 535,500 fr. ; après la 3e, 880,250 fr. ; enfin, après la 4e, 1,795,500 fr. fournissant ainsi ou des ressources énormes ou la facilité de donner les eaux à bon marché. Ces indications suffiront, sans plus de développement, pour faire comprendre, à nos concitoyens, si habitués au mécanisme des chiffres, l'avantage financier de l'œuvre à accomplir.

TABLEAU de la situation financière de l'entreprise aux différentes phases de la distribution, dans l'hypothèse de l'exploitation administrative :

	Maintenant			100,000 habitants (1882)			150,000 habitants (1896)			300,000 habitants (1919)		
	Eaux	Prix	Sommes	Eaux	Prix	Sommes	Eaux	Prix	Sommes	Eaux	Prix	Sommes
1° Besoins domestiques	1 095 000	0 15	164 250 »	2 190 000	0 15	328 500 »	3 285 000	0 15	492 750 »	6 570 000	0 15	985 500 »
2° Besoins industriels	2 400 000	0 07	168 000 »	5 100 000	0 07	357 000 »	8 250 000	0 07	577 500 »	18 000 000	0 07	1 260 000 »
3° Besoins publics	1 825 000	»	»	1 825 000	»	»	2 737 500	»	»	5 475 000	»	»
Totaux	5 320 000		332 250 »	9 115 000		685 500 »	11 272 500		1 070 250 »	30 045 000		2 215 500 »
Dépense annuelle			270 000 »			450 000 »			650 000 »			1 170 000 »
Bénéfice réel			62 250 »			235 500 »			420 250 »			1 075 500 »
Amortissement du capital 1 0/0			30 000 »			50 000 »			70 000 »			120 000 »
Bénéfice net			32 250 »			185 500 »			350 250 »			955 500 »
Dividende net au delà de 6 0/0			1 07 0/0			3 71 0/0			5 0/0			7 96 0/0

(On comprend que ces dividendes devraient être modifiés si les travaux et l'exploitation étaient confiés à une compagnie concessionnaire puisque l'amortissement devrait être calculé, non sur 50 années, mais sur le temps restant à courir jusqu'à l'expiration de la concession ; dans ce cas, il est évident que la concession devrait être scindée ; la première, pour les eaux souterraines, ayant une durée d'au moins 50 ans et, en tout cas, de 30 ans après la 3e phase ; la deuxième, pour eaux de rivière, à donner suivant des conditions de durée déterminables à l'époque du commencement et par application de son cahier des charges.)

En présence d'un semblable résultat, il semble évident que le meilleur mode à appliquer pour la réalisation de cette œuvre est l'emprunt. Il y a là une opération certaine, organisée administrativement et ne présentant aucun aléa. Aucune transaction particulière n'a à intervenir dans le fonctionnement, et la Ville paraît aussi apte que qui que ce soit pour la diriger; il serait donc inutile d'en laisser les bénéfices supposés à une Compagnie. Il n'y a que dans le cas peu probable où l'emprunt deviendrait onéreux, par suite de la trop grande élevation des fonds, qu'il serait nécessaire de recourir à un concessionnaire. Mais cet empêchement est peu probable ; nous avons d'ailleurs compté l'intérêt à 6 0/0 pour tenir compte de l'élévation du marché.

Cependant comme, malgré les preuves qu'accumule cette étude, il pourrait subsister des doutes sur la réalité de l'abondance des eaux à capter ; comme, d'ailleurs, il serait possible que le montant des travaux dépassât l'évaluation sommaire qui en a été faite et que, dès lors, pour réaliser des bénéfices il serait nécessaire d'administrer fort strictement, la ville gagnerait sans doute à avoir recours à une compagnie qui se chargerait de la construction et de l'exploitation pendant 50 ans. Les bénéfices possibles de la compagnie devant compenser à peine les risques qu'elle consentirait à courir.

Mais quant à la possibilité de la distribution, qu'on s'en pénètre bien, il n'y a aucune hésitation possible. Dans tous les cas, s'il y avait doute, il serait facile de trouver un concessionnaire qui courrait les chances de l'entreprise dont la réussite est certaine et qui contribuerait si puissamment à la prospérité de Roubaix.

14. — Avantage des tiers. — Si la ville de Roubaix est intéressée à capter les eaux de la nappe souterraine des marnes crétacées de la vallée de la Marque, les communes traversées par les aqueducs y ont un intérêt non moins grand. Non parce que les habitants de ces communes, travaillant en grande majorité pour l'industrie roubaisienne, doivent vivement désirer tout ce qui peut contribuer à la prospérité de notre centre industriel : ce mobile est trop subtil et nous voulons parler d'un intérêt plus immédiat.

Les cultivateurs savent combien leur sont désastreuses les

eaux stagnantes imbibant les terres à la surface ou à une faible profondeur. L'air ne peut pénétrer le sol, l'ameublir, et porter aux racines les principes essentiels de la vie ; les labourages ne peuvent s'y faire en toute saison et toutes les récoltes ne peuvent indifféremment y prospérer. Il y a plus : l'évaporation constante produite à la surface de ces terrains abaisse la température dans une proportion considérable par suite de l'enlèvement de la chaleur latente nécessaire pour résoudre les eaux en vapeur. Ainsi, on a calculé qu'en moyenne la formation d'un kilogramme de vapeur abaisse d'environ 5° la température de 25g kilog. de terre, et il a été observé que la diminution de l'évaporation à la surface des terres drainées peut représenter 5 0/0 de la chaleur solaire reçue annuellement sur une surface donnée.

Pour qui sait combien l'air atmosphérique et la chaleur sont nécessaires au développement des plantes, il est hors de doute que l'assainissement des terrains est le plus grand bienfait que puisse souhaiter l'agriculture. Les cultivateurs le savent par expérience, la comparaison se faisant chaque jour sous leurs yeux.

Les terrains de la vallée de la Marque sont dans un état d'imbibition constante, à tel point que, malgré les nombreux fossés qui les sillonnent, la plupart d'entre eux sont impropres à recevoir la moindre culture ; aussi les réclamations des communes ont-elles été fréquentes ; le Conseil général s'en est occupé, les ingénieurs hydrauliques ont dressé des projets, mais les adhésions à l'enquête n'ayant pas représenté la majorité des propriétaires intéressés, l'administration a renoncé à la formation d'un syndicat, sans songer que l'insouciance et l'ignorance avaient sans doute été la cause principale de l'abstention.

L'aqueduc de captation des eaux potables constituerait, pour la vallée, un drainage puissant dont les bienfaits seraient vite appréciés par les communes traversées ; en tirant énergiquement les eaux par la couche de cailloux qui se trouve à la base des alluvions, elle opérerait déjà un drainage général dont l'effet serait d'autant plus immédiatement sensible que les nombreuses petites sources, qui émergent actuellement dans les fossés, cesseraient de se faire jour à travers les interstices du limon pour s'écouler dans l'aqueduc où elles seraient sollicitées. Les communes de Willems, de Baisieux et de Chéreng, où ce fait ce produit sur une grande étendue, ressentiraient vivement l'amélioration qui en résulterait. A Gruson, à Bouvines, à Sainghin, on verrait les marécages, formés par les eaux qui sourdent à la limite des alluvions de la vallée, disparaître rapidement pour faire place à d'excellentes prairies ou même à des terres arables. Un avantage immense, incontestable pour ces communes en serait la conséquence. D'ailleurs, lorsque nous faisions des études, les cultivateurs intelligents avaient parfaitement compris l'amélioration profonde qu'apporterait à leurs terres la captation des eaux souterraines. Si quelques entraves nous ont été apportées, si quelques protestations anticipées se sont produites, elles reposaient sur des faits erronés et sur des données sans valeur; elles étaient dictées, surtout, par des intérêts particuliers n'ayant que peu ou point conscience des conditions nécessaires à leur satisfaction.

Donc l'intérêt de l'Agriculture, à la captation des eaux, est évident puisqu'il en résultera un drainage puissant du sol et que cette opération exerce sur les phénomènes de la végétation et sur les opérations de la culture l'influence la plus salutaire et les effets les plus remarquables. Le rapide écoulement des eaux de pluie à travers le sol et l'abaissement des eaux stagnantes, quelle qu'en soit l'origine, à une profondeur suffisante pour ne pas nuire au développement des racines, en seront les deux résultats directs et immédiats. « De ces deux premiers effets, dit M. Hervé-Mangon, résultent une moindre évaporation à la surface de la terre, un accroissement notable de la chaleur du sol, une modification profonde de la constitution de la couche arable qui a moins de tendance à se fendre, et conserve par suite plus de fraîcheur pendant l'été, une augmentation énorme de la fertilité, par l'introduction dans la terre des gaz et des substances les plus nécessaires au développement de toutes les récoltes, et, enfin, une amélioration considérable dans l'état sanitaire et le régime général des eaux de la contrée. Les eaux de pluie étan rapidement absorbées par les terrains drainés, ne peuvent plus se réunir, dégrader la surface des champs et délaver les fumiers en entraînant au loin leurs principes les plus précieux. L'application aux terres humides permet de les labourer presqu'en toute saison. La santé des bestiaux s'améliore rapidement sur

les terrains drainés. La pourriture, en particulier, cesse d'atta-
quer les moutons ; aussi voit-on toujours les animaux se réunir
de préférence sur les parties drainées de la pièce qu'ils pâturent.
L'eau qui imbibe le sol, désormais entraînée, est immédiatement
remplacée par de l'air atmosphérique, que chasse ensuite une
nouvelle pluie. Ce second volume est ensuite remplacé par l'air
et ainsi successivement ; ce renouvellement, autour des racines,
des principes les plus nécessaires à l'alimentation des végétaux,
permet aux plantes de se développer dans de meilleures conditions. L'influence du drainage sur la salubrité publique est manifeste. Dans beaucoup de localités on a vu des fièvres intermit-
tentes épidémiques disparaître après de grandes opérations de
cette espèce. Souvent les brouillards cessent de se manifester
sur les terres assainies. Les terrains marécageux, surtout, re-
tirent les plus grands bienfaits du drainage. L'accroissement de
porosité du sol et son assainissement sont les résultats immédiats de cette opération. »

Mais c'est surtout lorsque seront opérés les desséchements des
marais, au moyen de l'abaissement de la Marque, que l'ensemble
des bienfaits apportés à l'agriculture et à l'hygiène de la vallée
seront manifestes. D'immenses surfaces conquises à la culture,
la salubrité des villages considérablement améliorée, par conséquent, le bien-être et la santé augmentés telles en seront les
conséquences. Les communes intéressées le comprendront et
elles sauront résister à ceux qui les poussent inconsciemment à
la résistance.

On a objecté, il est vrai, que la captation des eaux ferait tarir
les puits ; on s'en est beaucoup ému, au moins à Willems ; or,
dans cette commune, les puits sont creusés dans les sables landéniens et n'ont rien de commun avec la nappe que nous avons
en vue ; on l'a bien vu au moment des expériences : le niveau
des puits avait baissé dès le mois d'août et il remontait quand nous
faisions les épuisements. Quant aux autres communes, dont les
puits pénètrent jusqu'aux marnes, le niveau n'en sera que légèrement affecté ; il n'en serait pas ainsi, si comme on l'a prétendu
la captation se faisait par épuisement ; mais elle se pratiquera
par écoulement libre et, alors, il reste évident que les eaux
auront toujours un niveau de beaucoup supérieur dans les puits
que dans l'aqueduc. Celui-ci, d'ailleurs, passera généralement

assez loin des villages et son action n'y aura pas une bien grande intensité.

Il est dès lors tellement évident que l'amélioration, apportée au sol des communes traversées et à leur hygiène, est considérable, relativement au léger désavantage causé par un faible abaissement du niveau des puits, que les habitants accueilleront comme un bienfait des travaux dont on les a effrayés. D'ailleurs la ville de Roubaix ferait approfondir les puits à ses frais, s'il était prouvé qu'ils sont devenus insuffisants de son fait, et elle pourrait établir quelques pompes sur son aqueduc, à proximité des habitations; ainsi seraient réparés les petits dommages causés aux tiers qui, d'un autre côté, tireraient des avantages inappréciables de la réalisation du projet.

35. — **Résumé**. — Cette étude, sommaire par la façon dont elle a été traitée, longue à cause des nombreux détails dans lesquels il a fallu entrer pour toucher à tous les côtés de la question, peut se résumer en quelques points :

L'une des améliorations les plus importantes à introduire dans une ville est une distribution d'eau ; ce n'est que par elle que l'on peut améliorer l'hygiène publique, embellir la cité, augmenter le confort des habitants ; elle contribue à chasser les immondices qui s'accumulent dans les rues mal pavées, dans les réseaux imparfaits des égouts, faisant ainsi disparaître une cause d'insalubrité, de fièvres, de maladies endémiques.

Grâce à elle, les établissements publics, collèges, hôpitaux, hospices, abattoirs, bains et lavoirs publics sont largement pourvus et y entretenant la propreté si indispensable là où les hommes sont réunis en grand nombre. Par elle, enfin, les habitudes de propreté se répandent dans les habitations particulières, faisant disparaître les causes ordinaires des maladies ; l'eau propre arrivant à tous les étages, dans les cabinets, chasse les détritus infects, écarte les émanations insalubres. En outre il en résulte une sérieuse économie, l'eau transportée à bras, à de si faibles distances que ce soit, coûtant toujours plus cher que le prix de l'eau distribuée.

Elle permet à l'industrie de s'alimenter sans déplacement, sans emploi de forces dont elle a besoin pour son travail particulier. Enfin, avec elle, les villes peuvent être amenées à un degré hygiénique égal à celui des campagnes. Il est d'ailleurs un fait reconnu, c'est que la mortalité redouble dans les villes mal assainies, mal alimentées ; que les affections nerveuses et cutanées, conséquence d'une mauvaise organisation domestique, s'y développent avec intensité. Aussi, prend-on, maintenant, des mesures énergiques pour arriver à doter chaque ville d'un système rationnel de distribution d'eau et d'assainissement des égouts. Chaque jour on se pénètre de plus en plus de cette vérité que les villes insalubres seront désertées pour les villes mieux favorisées et qu'elles sont menacées de la cessation de leur commerce et de leur industrie par suite de leur mauvais état hygiénique.

La question n'est pas neuve à Roubaix ; depuis 30 ans elle s'impose à la ville d'une façon de plus en plus urgente et, ce que disaient les ingénieurs dans leur rapport du 15 juin 1858 : « C'est une question de vie ou de mort, » est encore aujourd'hui l'entière vérité.

Mais les conditions topographiques sont défavorables et, cependant, sous l'aiguillon d'une nécessité artificielle, la population augmente sans cesse et des quantités d'eau de plus en plus grandes deviennent nécessaires, tant pour les habitants, que pour l'industrie, en sorte que l'on peut affirmer que, désormais, toute extension nouvelle est impossible sans une distribution d'eau pure et abondante, puisque, à cause surtout des industries spéciales des laines et de la teinturerie, il est nécessaire que l'alimentation corresponde à un chiffre journalier de 360 litres par habitant.

La situation géologique de Roubaix est aussi fort mauvaise sous le rapport des eaux : la couche aquifère superficielle existe partout, mais elle est insuffisante pour une grande agglomération ; quant aux formations sédimentaires inférieures, les eaux qu'elles contiennent ont une force hydrostatique trop faible pour qu'elles puissent être utilisées avec avantage.

Les puits et les citernes, infectés, deviennent de plus en plus hors d'usage.

Les forages ne peuvent donner aucune certitude.

Les puits artésiens sont plus que problématiques.

L'alimentation par rivière est condamnée justement par tous les hommes spéciaux ; l'état des rivières dans le Nord doit faire rejeter ce moyen plus rigoureusement encore qu'ailleurs. Cependant il a été créé, à Roubaix, une distribution d'eau de Lys et l'on propose d'en faire une seconde d'eau d'Escaut ; mais la première est une déplorable opération et la seconde serait à peine moins mauvaise : l'opinion publique fera donc sagement de résister avec énergie contre des tendances intéressées qui voudraient imposer leur volonté à ce sujet. La Marque, seule, en amont de l'Empempont, peut fournir des eaux assez pures et en assez grande quantité pour donner satisfaction à l'industrie, le débit actuel étant facile à tripler par le dessèchement des marais.

Les eaux potables sont indispensables ; la nécessité en devient chaque jour plus impérieuse et c'est à en chercher que la Ville doit consacrer ses principaux efforts. La vallée de la Marque, seule, possède des nappes souterraines assez abondantes pour alimenter Roubaix ; la captation en est facile et la constance assurée. Il y a plus : ces eaux existent en quantité assez considérable pour que l'industrie puisse en avoir sa part et s'en trouve satisfaite, au moins jusqu'à ce que la population ne dépasse pas 150,000 habitants. Les expériences faites, la géologie des terrains, la détermination des bassins hydrographiques, tout est concluant pour affirmer ce résultat, que nous regardons, dès maintenant, comme absolument établi. Il ressort de toute évidence, en effet, que la vallée de la Marque peut et doit donner au minimum, 95,000 mètres cubes d'eaux souterraines et 80,000 mètres d'eaux de rivière, soit un total journalier de 175,000 mètres cubes, suffisant pour une population industrielle de 500,000 habitants, comprenant, dans l'avenir, Roubaix et son rayon manufacturier.

Nous savons bien que ces résultats seront niés : « On ne voit « rien à la surface, dira-t-on, voyez dans la vallée de la Deûle, « au moins les sources y sont visibles et Lille a pu marcher à « coup sûr ! »

C'est vrai, mais si la vallée de la Deûle était recouverte par un mètre d'alluvion en plus, il n'y aurait aucune source et, cependant, *les eaux n'en existeraient pas moins*. Le seul talent de l'observateur consiste précisément à voir ce qui, pour les autres, passe inaperçu. Aux contradicteurs nous dirons seulement ceci :

1º Les phénomènes atmosphériques sont au moins aussi intenses dans la vallée de la Marque que dans le reste du Nord.

2º Les eaux ne sont pas écoulées dans la rivière , puisque les ingénieurs lui ont trouvé un débit proportionnellement inférieur aux autres rivières, lorsqu'il s'est agi d'alimenter le canal de Roubaix ;

3º Elles ne peuvent se perdre dans les profondeurs puisqu'à une certaine distance du sol existe une couche de dièvre, de 12 mètres de puissance, absolument imperméable ;

4º On ne saurait soutenir, excepté sous forme de plaisanterie, que, *par une exception miraculeuse*, le bassin de la Marque est l'objet d'une évaporation sans précédent en Europe, et qu'il y a là une dérogation aux lois générales, spécialement faite pour le triomphe de nos contradicteurs.

Alors nous ne voyons pas bien où pourraient se trouver les eaux provenant des phénomènes météorologiques, si on ne les rencontrait pas dans les marnes du terrain crétacé, là où nous les avons vues , là d'où nous les avons fait jaillir sur deux points quelconques, exprès choisis dans des conditions d'infériorité.

Donc les eaux existent d'une manière indiscutable , prêtes à être captées, visibles pour qui sait observer et voir ; l'analyse les déclare convenables pour eaux potables et pour eaux industrielles ; les craintes émises sur l'épuisement de la nappe sont chimériques et ne paraissent d'ailleurs pas entièrement désintéressées ni dénuées de mauvaise foi ; donc l'hésitation n'est pas possible et les travaux de la distribution doivent se faire sans aucun retard sous peine de compromettre gravement les intérêts de Roubaix.

D'ailleurs la captation est facile, les dispositions topographiques sont favorables à la conduite libre des eaux vers un réservoir inférieur flanqué de machines ascensionnelles ; non-loin de là est une colline très-élevée, parfaitement disposée pour l'établissement d'un réservoir supérieur ; outre cela le territoire de Roubaix est distribué de telle façon que deux autres réservoirs peuvent être établis, réalisant ainsi une égale distribution des pressions et diminuant considérablement les pertes de charge. De ces trois réservoirs l'eau peut-être distribuée partout dans le rayon industriel de Roubaix, excepté à Tourcoing où deux réservoirs, aux Francs et à la Croix-Rouge, pourraient être établis, dans le cas si vivement désirable où les sentiments d'hostilité habituels entre les deux villes, vendraient à disparaître sous l'influence d'institutions propres à développer chez les individus la conscience de la fraternité et de la solidarité humaines.

Les dépenses n'ont rien d'exagéré pour les résultats obtenus et les prix de revient, quoique supérieurs à ceux de Lille, à cause de nos conditions d'infériorité, sont encore moindres que ceux de la plupart des autres villes; tout prouve, au contraire, que les besoins seraient satisfaits dans des conditions très sortables et que, malgré cela, l'opération financière serait excellente.

Les communes traversées par l'aqueduc, loin d'en souffrir, en retiraient des avantages considérables au double point de vue de la culture et de l'hygiène, sans aucun inconvénient appréciable sous le rapport des eaux. Ainsi, même au dehors de Roubaix, l'exécution du projet, que nous soumettons au contrôle et à l'appréciation de l'opinion publique, constituerait donc une œuvre très philanthropique.

Si l'idéal, en matière d'utilité publique, est qu'une œuvre satisfasse les intérêts de tout le monde, sans léser les intérêts de personne, notre projet est un type de perfection, car il serait difficile d'en nier l'utilité générale et nous cherchons vainement quel intérêt particulier il pourrait léser. C'est ce caractère d'universalité dans le bien produit qui l'avait fait adopter aussi chaudement par l'administration républicaine de Roubaix. Celle qui lui a succédé n'ayant ni la même intelligence, ni la même générosité, était parfaitement incapable d'apercevoir ce caractère essentiel et voilà pourquoi elle le combat au profit d'œuvres défectueuses et égoïstes.

Mais la nécessité est un maître impérieux et, tôt ou tard, elle donnera raison à ceux qui n'ont eu en vue que le bien général et, alors, l'opinion publique jugera.

A chacun selon ses œuvres.

ERRATA

Page 41, 5e ligne. — Au lieu de *le titre*, lisez *à titre*.

» 69, 5e » » *forme,* » *forment.*

» 73, 1re » » *à dilution* » *à la dilution.*

» 76, 23e » » *réclamation* » *exclamation.*

» 87, 7e » » *dauses* » *dausses.*

» 87, 29e » » *12 °/₀* » *123 °/₀.*

» 108. — La valeur de *v* (vitesse) est ainsi donnée :

* 9 7 8 2 3 2 9 2 3 6 0 9 4 *